MAKE FOR FREE
無料で作る!

お店・会社のための

ホームページ作成超入門

HOMEPAGE CREATION GUIDE FOR BEGINNERS

岩間麻帆
IWAMA MAHO

技術評論社

CHAPTER 1 ホームページを作る準備をしよう

CHAPTER 2 ホームページのトップページを作ろう

付 録　ジンドゥーで使える便利な機能一覧

■ ご注意：ご購入・ご利用の前に必ずお読みください

本書に記載された内容は、情報の提供のみを目的としています。したがって、本書を用いた運用は、必ずお客様自身の責任と判断によって行ってください。これらの情報の運用の結果について、技術評論社および著者はいかなる責任も負いません。

ソフトウェアに関する記述は、特に断りのないかぎり、2021 年 6 月末日現在での最新バージョンをもとにしています。ソフトウェアはバージョンアップされる場合があり、本書での説明とは機能内容や画面図などが異なってしまうこともあり得ます。あらかじめご了承ください。

インターネットの情報については URL や画面等が変更されている可能性があります。ご注意ください。

以上の注意事項をご承諾いただいた上で、本書をご利用願います。これらの注意事項をお読みいただかずに、お問い合わせいただいても、技術評論社は対処しかねます。あらかじめ、ご承知おきください。

CHAPTER 1

ホームページを作る準備をしよう

SECTION

01 ジンドゥーって どんなサービス？

「ホームページの専門的な知識がない！」「htmlって何？」というような人でも、ジンドゥーを使えば簡単にホームページを作成することができます。

ジンドゥーについて

「お店や会社のホームページを作りたい！だけどプロにお願いする予算がない…」
「自分でホームページを作成しようとしてソフトを買ってみたものの途中で挫折してしまった…」
ということでホームページを持つことを諦めていた人も多いかと思います。
しかし、今ではインターネット上で無料でホームページを作成できるサービスがいくつかあります。
そういったサービスも種類によって、少し知識が必要だったり、使い方が複雑で難しく感じるものなどさまざまです。
そういった種類の中で、特に初心者向けの人気のあるサービスが「ジンドゥー」です。

ジンドゥーの特徴

- 専門的な知識がなくてもOK
- レンタルサーバーなど不要
- 無料で使える（有料版もあり）
- スマホ版でも見やすい画面に自動変換
- サポートはKDDIウェブコミュニケーションズ

ジンドゥークリエイターとジンドゥー AI ビルダー

ジンドゥーでは、「ジンドゥークリエイター(以下「クリエイター」)」と「ジンドゥーAIビルダー(以下「AIビルダー」)」の２つの種類があります。
本書では「クリエイター」を利用してホームページを作成していきます。
この2種類は互換性がないため、作成途中で種類を変えて続きを作成することはできません。アカウント登録時の工程でこの2種類から選択するところがあるので、間違えないよう注意しましょう。

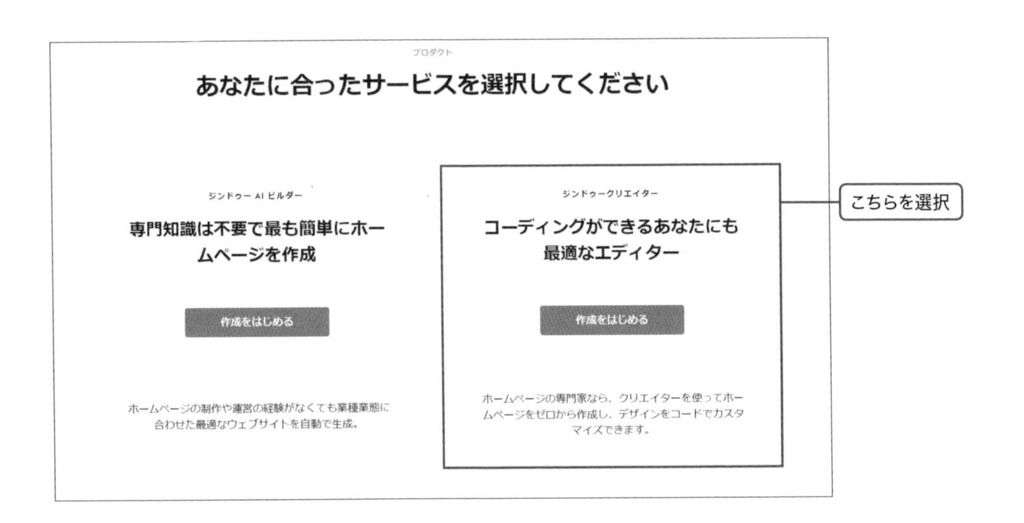

クリエイターと AI ビルダーの違い

- クリエイター
  作りたいホームページをイメージしながら、広がりのあるホームページを作っていきたい人向け。
- AIビルダー
  シンプルに素早く作成したい。スマートフォンを活用して作成や編集をしたい人向け。

	クリエイター	AIビルダー
ページ数制限	なし (サーバー容量による)	あり (無料版は最大5ページ)
デザイン、スタイルの微調整	○	○
ブログ機能	○	×
ショップ機能	○	×
問合せ(フォーム)のカスタマイズ	○	×
無料版のアドレス	○○○.jimdofree.com	○○○.jimdosite.com

本書では、「クリエイター」の機能を使って解説しています。またこの先「ジンドゥー」という言葉が指しているのは「クリエイター」に関することになるので、お気を付けください。

SECTION

02 無料版と有料版の違い

ジンドゥーでは無料版と有料版があります。ジンドゥークリエイターの料金プランと無料版と有料版の違いについて確認してみましょう。

ジンドゥークリエイター料金プラン比較表（2023年11月現在）

	FREE	PRO	BUSINESS	SEO PLUS	PLATINUM
料金	0円	1,200円/月	2,600円/月	4,250円/月	5,330円/月
独自ドメイン	×	○	○	○	○
	○○○.jimdofree.com（○の部分は自由に設定）	初年度無料、次年度から年額1,650円			
サーバー容量	500MB	5G	無制限	無制限	無制限
広告非表示	×	○	○	○	○
アクセス解析	×	○	○	○	○
ブログ機能	○	○	○	○	○
ネットショップ商品登録数	5	15	無制限	無制限	無制限
その他の特徴			検索エンジン最適化（SEO）	本格的なSEOアドオン	プロからのデザインアドバイス

※表の内容は機能の一部になります。詳細はジンドゥーホームページでご確認ください（https://www.jimdo.com/jp/pricing/creator/）

Point

無料版で気を付けること

無料プランの場合、登録日から最初の14日間、または有効期間中に180日を超えて1度もログインがなかった場合、サービスを解約したものとみなされデータが削除されてしまいます。長期間放置しないように、更新を心がけましょう。

有料版でできること

有料版で利用できる主な機能をご紹介します。

- 独自ドメインが利用できる

「ドメイン」とは「https://www.jimdo.com/jp/」のようなホームページのアドレス（住所）のことです。
無料版の場合、ドメインの末尾には決まって「jimdofree.com」と表示されますが、有料版では、この表示が付かない、オリジナルのドメインを設定することができます。

無料版	https://〇〇〇.jimdofree.com
有料版	https://〇〇〇.com

- アクセス解析が利用できる

ホームページの訪問数や、どんなページが多く閲覧されているかなど確認することができます。（付録216ページ参照）

- 利用できる日本語フォント（書体）の数が増える

無料版の場合、利用できる日本語フォントは「明朝」「ゴシック」の2種類になりますが、有料版ではより多くのフォントを利用することができます。

- ナビゲーション機能をより便利に使える

「ページのコピー機能（付録217ページ参照）」や「ページ名に外部リンク設定機能（付録218ページ参照）」などを利用できることで、より効率よくページを作成することができます。

- 準備中モードが利用できる

準備中モードを利用すると、ホームページ全体を非公開にしながらホームページの編集作業を行うことができます。（付録219ページ参照）

- ページごとにカスタムURLが設定できる

トップページ以外の他のページアドレスで、末尾に表示されるページ名の部分を自由に設定することができます。「http://〇〇〇.com/各ページ名」（付録220ページ参照）

Point

有料版へのアップグレード

無料版で作成している途中でも、有料版へのアップグレードはいつでも行うことができます。
（第6章180ページ参照）

SECTION 03

ホームページ作成の準備をしよう

ジンドゥーでスムーズにホームページを作成するために、準備しておくものや、作成の手順を確認しておきましょう。

準備するもの

- パソコン
- インターネット接続
- ブラウザ（「Google Chrome」「Mozilla Firefox」推奨）
- ホームページに利用する写真や画像データ
- パソコンで受信できるメールアドレス（ジンドゥーにアカウント登録する際必要）

Point

推奨の動作環境

ジンドゥーでホームページを作成する際、推奨されているブラウザは「Google Chrome」と「Mozilla Firefox」です。「Microsoft Edge」や「Apple Safari」といったブラウザでも作成することができますが、推奨されているブラウザで作成していくことをおすすめします。
本書では「Google Chrome」を使用して作成していきます。

- Google Chromeダウンロードサイト　https://www.google.com/chrome/

ジンドゥーでホームページを作成する流れ

1. ジンドゥーにアカウント登録する
2. レイアウトや背景を設定する
3. タイトルやロゴを設定する
4. トップページを作成する
5. その他のページを作成する
6. スタイルを整える
7. ホームページを運用する

Point

あらかじめ決めておきたいこと

ジンドゥーにアカウントを登録する際、登録するメールアドレスとパスワード、希望するホームページアドレスなど、事前に決めておくと作業がスムーズにすすみます。

<table>
<tr><td>メールアドレス</td><td colspan="2"></td></tr>
<tr><td>パスワード
必須事項
・8文字以上の半角英数字
・アルファベットの大文字と小文字1つ以上
・半角数字と記号を1つ以上</td><td colspan="2"></td></tr>
<tr><td rowspan="3">ホームページアドレス
無料版の場合、
「○○○.jimdofree.com」の○の部分で利用可能な文字は、半角英数字と半角ハイフン(-)</td><td>第1希望</td><td></td></tr>
<tr><td>第2希望</td><td></td></tr>
<tr><td>第3希望</td><td></td></tr>
</table>

SECTION

04 作成するホームページをイメージしよう

ホームページでトップページ（ホーム）以外にどんなページが必要なのか、作成する前にイメージしておくと便利です。作成するページは業種によっても様々です。

業種別作成ページ例

● 飲食（カフェやレストランなど）

・ホーム
・お店の概要（お店のコンセプトや店内の雰囲気など）
・メニュー
・アクセス
・お問合せ、ご予約

Point

メニュー名の表記

Home/Concept/Menu/Access/Contactなど、メニュー名を英語表記にするお店も多いです。

● 小売店（雑貨、お花屋など）

・ホーム
・商品紹介
・イベント
・アクセス
・お問合せ

● サロン、カウンセリング等

・ホーム
・スタッフ（セラピスト、プロフィール等）
・メニュー（料金）
・アクセス
・お問合せ、ご予約

● 教室、スクール等

・ホーム
・教室の概要（レッスン内容、個人の場合はプロフィール等）
・コース・料金
・アクセス
・お問合せ、ご予約

Point

担当者のプロフィールを載せる

個人サロンや個人スクールなどは、実際に担当する人のプロフィールなどが載っていると、より雰囲気や特徴が伝わりやすくなり、利用したい方にとっては安心です。

● 会社、事務所

・ホーム
・会社情報（会社案内、概要など）
・事業情報（商品情報、サービスなど）
・アクセス
・お問合せ

SECTION

05 この本で作るホームページの見本

この本で作成していくホームページの見本を確認しましょう。本書ではジンドゥーの様々な機能を使いながら各ページを作成していきます。

トップページ

- レイアウト変更（34ページ）
- 背景変更（38ページ）
- ロゴ、ホームページタイトル（44ページ）
- 見出し（52ページ）
- 画像（54ページ）
- 文章（58ページ）
- 画像付き文章（62ページ）
- サイドバー（68ページ）
- 水平線、余白（72ページ）
- ナビゲーションの編集（78ページ）
- 内部リンク（108ページ）
- 外部リンク（132ページ）
- スタイル（114ページ）
- SNSとの連携（134ページ）
- ブログ（142ページ）

店舗概要ページ

- フォトギャラリー（84ページ）
- 表（90ページ）

メニューページ

- カラム（94ページ）

アクセスページ

- Googleマップ（98ページ）

お問合せページ

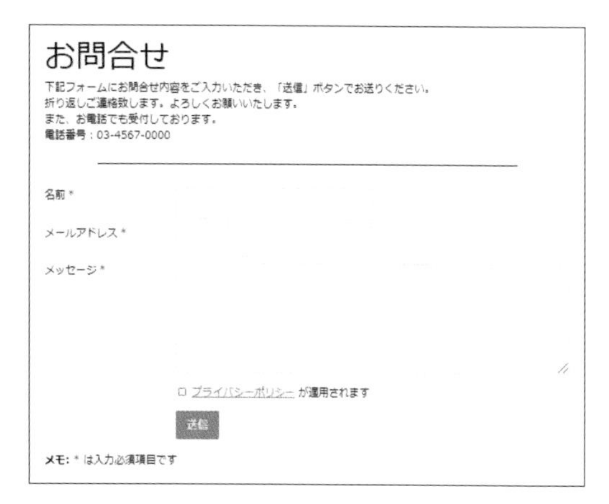

- フォーム（100ページ）

SECTION

06 ジンドゥーにアカウントを登録しよう

ジンドゥーでホームページを作成するためには、アカウントの登録が必要です。設定するパスワードなどは忘れないように管理しておきましょう。

アカウントを登録しよう

ブラウザ（Google Chrome）を起動し、アドレスバーに「https://www.jimdo.com/jp/」と入力し、Enterキーを押します❶。

ジンドゥーの公式サイトが表示されたら、「無料ホームページを作成」をクリックします❷。

アカウント登録一覧が表示されます。

「メールアドレスで登録」をクリックします❶。

登録するメールアドレスとパスワードを入力します❶。利用規約とプライバシーポリシーを確認して同意します❷。続けて、「アカウント登録をする」をクリックします❸。

Check !

パスワードの必須項目は下記のとおりです。

- 8文字以上の半角英数字
- アルファベットの大文字と小文字1つ以上
- 半角数字と記号を1つ以上

登録したメールアドレス宛に確認メールが送信されます。

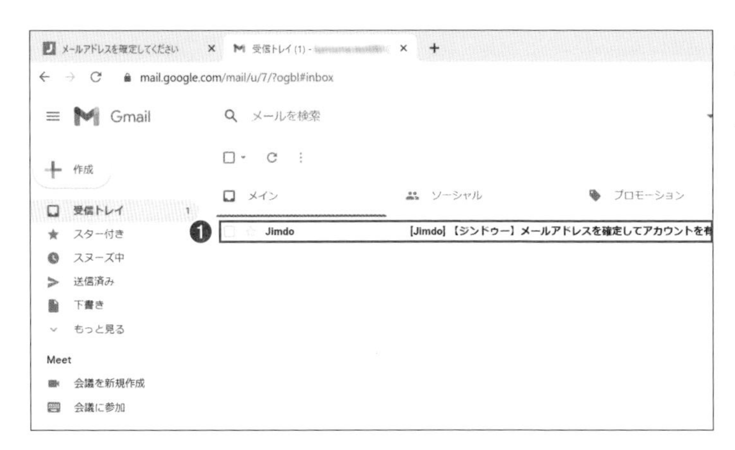

パソコンで受信メールを確認します。ジンドゥーから受信されたメールを開きます❶。

Check!

受信トレイに無い場合は、迷惑メールやプローモーションなど他のメールボックスを確認してみましょう。

メール本文の「確定する」をクリックします❶。
メールアドレスが確定され、アカウントが登録されました。

※2021年4月現在の登録手順になります。

作成するホームページを設定しよう

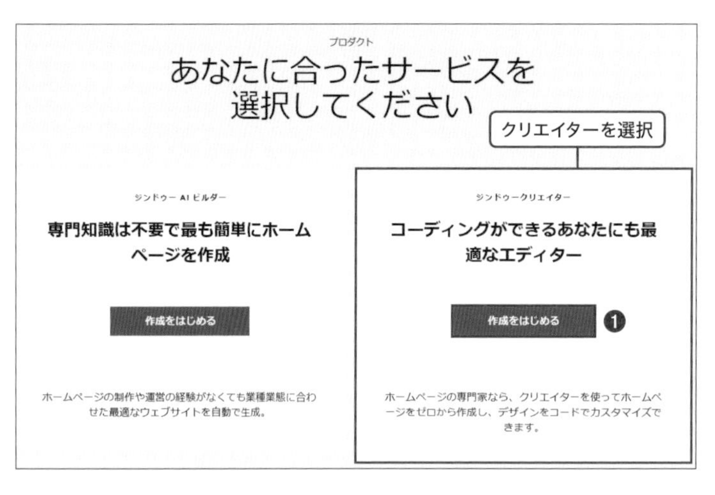

利用するサービスを選択します。右側の「ジンドゥークリエイター」の「作成をはじめる」をクリックします❶。

作成するホームページの業種を選びます。
今回は、「まだ決めていない」をチェックして❶、「次へ」をクリックします❷。

レイアウトを選択します。
今回は、「DUBAI（ドバイ）」という名前のレイアウトを選択し、「このレイアウトにする」をクリックします❶。

Check!

レイアウトの種類は後から変更することができます（34ページ参照）。

料金プランを選択します。
今回は無料プランの「FREE」の「このプランにする」をクリックします❶。

希望するホームページのアドレス（サブドメイン）を入力します❶。「使用可能か確認する」をクリックします❷。

Check！

「このホームページアドレスは既に使用されています」と表示された場合は、別のアドレスを入力しましょう。

入力したアドレスが利用可能な場合は、「無料ホームページを作成する」と表示されます。
入力内容に間違いが無いか確認をしてこの上をクリックします❶。

Check！

決定したホームページアドレスは必ず控えておきましょう。

ホームページの編集画面が表示されます。
ジンドゥーへの登録が完了しました。

SECTION

07 ホームページの編集画面の構成を確認しよう

ホームページの作成に取りかかる前に、ホームページの編集画面の構成や管理メニューの内容を確認しておきましょう。

編集画面の構成を確認しよう

Point

ヘッダーとフッターの表示について

ヘッダーエリアとフッターエリアの内容は、どのページを開いても表示されます。

管理メニューを確認しよう

管理メニューにはホームページの様々な設定に関するメニューが表示されています。

編集画面左上の「管理メニュー」をクリックします。

管理メニューが表示されます。

❶ **アカウント**　ダッシュボード画面を表示します
❷ **デザイン**　レイアウトや背景などの設定メニューを表示します
❸ **ショップ**　オンラインショップの設定メニューを表示します
❹ **ブログ**　ブログ機能のメニューを表示します
❺ **パフォーマンス**　アクセス解析やSEOの設定メニューを表示します
❻ **ドメイン・メール**　ドメインやメールアカウントの管理メニューを表示します（有料版）
❼ **基本設定**　ホームページの基本的な設定メニューを表示します
❽ **サポート**　ジンドゥーのサポートへ問い合わせできます（有料版）
❾ **ポータル**　ジンドゥーのポータルサイトが表示されます

管理メニューを閉じるには、「×」ボタンをクリックします。

SECTION
08 ダッシュボード画面の役割を知ろう

ジンドゥーのアカウントでは、複数のホームページを一括で管理することができます。その管理する画面を「ダッシュボード」といいます。

ダッシュボードでできること

- 管理しているホームページの一覧表示
- プロフィール設定
- ホームページの削除、移動など

管理しているホームページ一覧を表示しよう

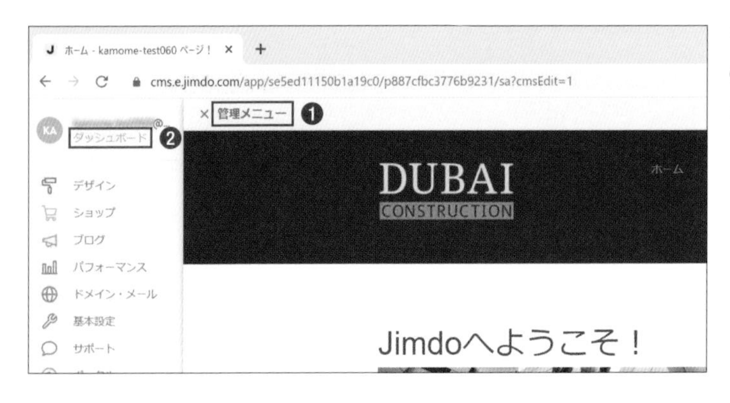

「管理メニュー」をクリックします❶。表示されたメニューから「ダッシュボード」をクリックします❷。

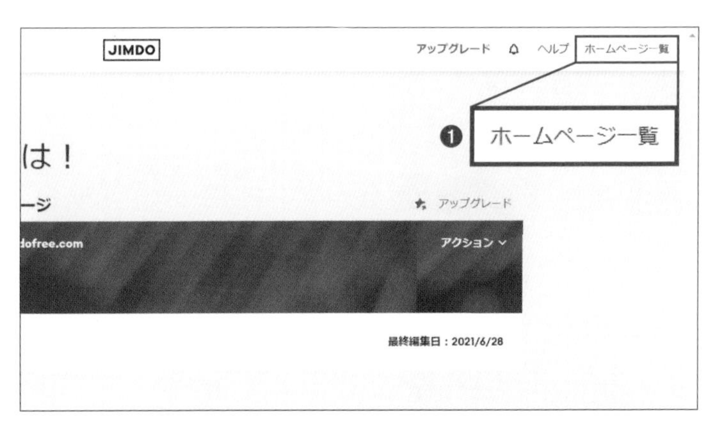

ダッシュボード画面が表示されます。
画面右上の「ホームページ一覧」をクリックします❶。

アカウントで管理しているホームページ一覧が表示されます。

Check!

新しく別のホームページを作成する場合は「新規ホームページ」をクリックします。

プロフィール画面を表示しよう

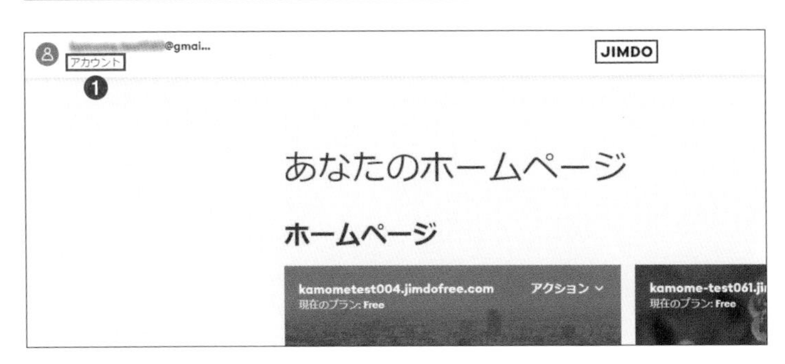

ダッシュボード画面の「アカウント」をクリックします❶。

プロフィール画面が表示されます。

Check!

プロフィール画面では、パスワードの変更など、アカウントに関する設定を行うことができます。

Point

ホームページの編集

ホームページを編集する場合は、編集するホームページの「アクション」→「編集」をクリックします。

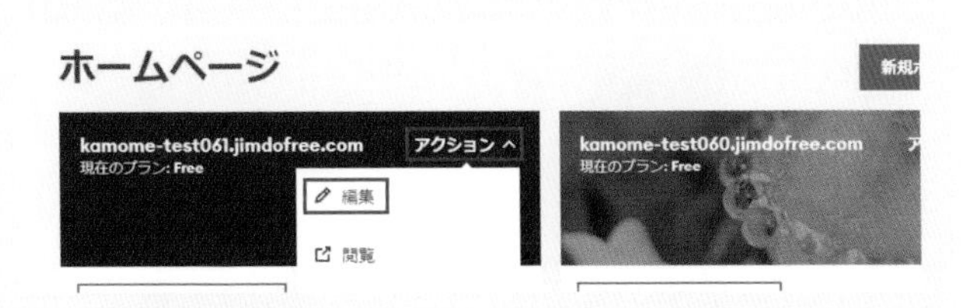

SECTION

09 ログインとログアウト方法を知ろう

ホームページを編集する際は「ログイン」、編集が終わったら「ログアウト」をします。ログインとログアウト操作がスムーズにできるように確認しておきましょう。

ログインについて

ジンドゥーのホームページは、自分のパソコン以外でも、ログインしてホームページを編集することができます。ログインする際、アカウント登録したメールアドレスとパスワードが必要となります。
ここでは、自分のホームページを表示して、ログインする方法を確認しましょう。

自分のホームページを表示しよう

ブラウザを起動し、検索ボックスに自分のホームページアドレスを入力し、Enter キーを押します❶。

ホームページが表示されました。

Check !

ブックマークやお気に入りに登録しておくと便利です。

ログインして編集画面を表示しよう

ホームページの画面の右下「ログイン」ボタンをクリックします❶。

JIMDO
おかえりなさい
ここからジンドゥーのアカウントにログインできます
Google でログイン
Facebook でログイン
Apple でログイン
❶ メールアドレスでログイン
登録はまだですか？ 新規登録する

ジンドゥーのログイン画面が表示されます。
「メールアドレスでログイン」をクリックします❶。

ジンドゥーでアカウント作成時に登録したメールアドレスとパスワードを入力します❶。
「ログイン」をクリックします❷。

ログインが完了し、ホームページの編集画面が表示されます。

Check!

ジンドゥーの公式サイト（https://www.jimdo.com/jp/）からもログインすることができます。

ログアウトして編集を終了しよう

編集画面の右下の「ログアウト」をクリックします❶。

ログアウトが完了しました。ジンドゥーのログイン画面が再び表示されます。

CHAPTER 2

ホームページのトップページを作ろう

SECTION

01 本書で作る トップページの見本

ホームページを作成する準備が整ったら、トップページを作成していきましょう。ここでは本書で作成するトップページの内容を確認していきます。

トップページ作成例と作成の流れ

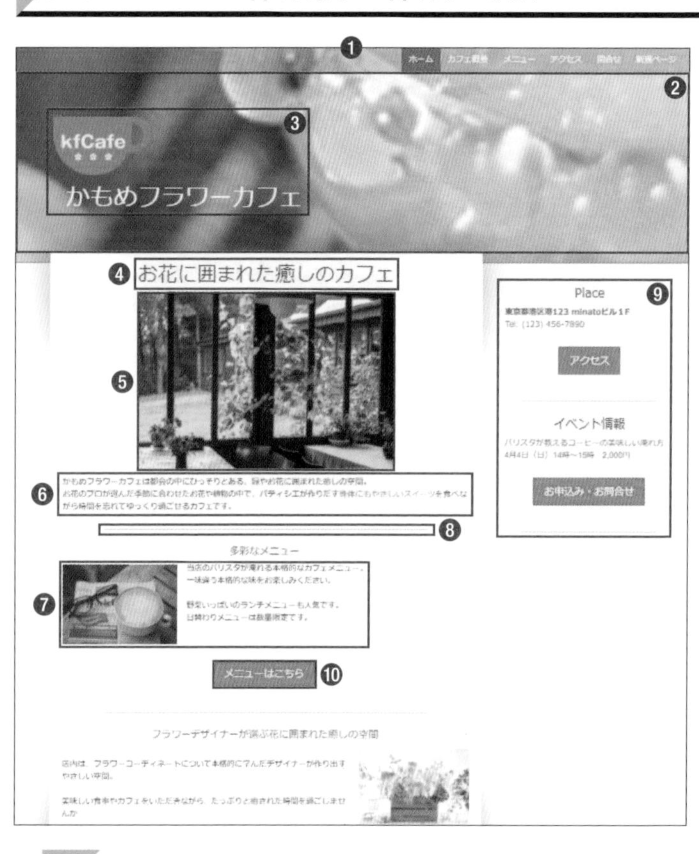

❶ レイアウトの変更（34ページ）
❷ 背景の設定（38ページ）
❸ ホームページタイトル、ロゴの設定（44ページ）
❹ 見出しの入力（52ページ）
❺ 画像の追加（54ページ）
❻ 文章の追加（58ページ）
❼ 画像付き文章の追加（62ページ）
❽ 水平線の追加（72ページ）
❾ サイドバーを整える（68ページ）
❿ リンクの設定（108ページ）

Point

まずはベース作りから

最初から完璧なページを完成させようと焦らず、まずは上記のような基本的な要素を使ってトップページのベースを作成していきましょう。

トップページを徐々に作りあげよう

トップページのベースが作成できたら、新しい情報やSNSの連携を追加したり、その他のコンテンツを追加して完成度を徐々に高めていきましょう。

- **新着情報を追加する**（130ページ）

お知らせ

2021/3/1
ランチメニューに新メニューが加わりました！数量限定です。詳細はこちら

2021/2/10　期間限定！スイーツメニューが登場です。詳細はこちら

2021/2/1
2021年6月から休業日が変更になります。ご注意ください。詳細はこちら

- **SNSと連携する**（134ページ）

- **その他のコンテンツを使用してみる**

「カラム」コンテンツ（94ページ）を利用することでコンテンツを横に並べて表示することもできます。

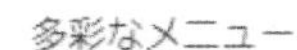

多彩なメニュー	花に囲まれた癒しの空間	ご予約

当店のバリスタが淹れる本格的なカフェメニュー。本格的な味をお楽しみください。	店内は、フラワーコーディネートについて本格的に学んだデザイナーが作り出すやさしい空間。	女子会、懇親会等、ランチコースも用意しています。ご予約、お問合せください。
カフェメニュー	カフェについて	ご予約、問合せ

SECTION

02 トップページの役割

トップページはホームページの入り口となるページです。そのトップページの重要な役割について確認しましょう。

トップページはホームページの「表紙」であり「目次」のような役割

- 「表紙」の役割

トップページの画像や文章の印象で、「どんな雰囲気のお店なのか」「何の会社なのか」など、ひと目で伝えることができる「表紙」のような役割。

- 「目次」の役割

「どんな内容のホームページなのか」「サービスの詳細」など、知りたい情報をスムーズに見付けられるように案内する「目次」のような役割。

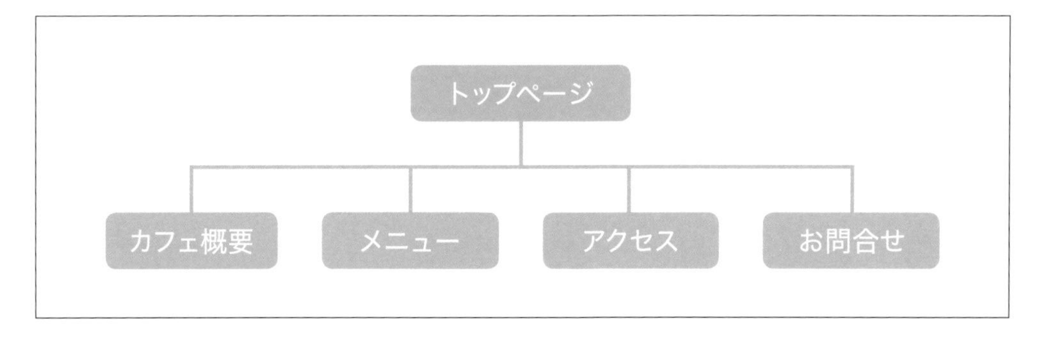

バランスよくコンテンツを配置しよう

トップページの内容で、更に興味を持って他のページに移動するか、ページを閉じるか判断されてしまう場合もあります。
必要な情報や案内をわかりやすく表示して、閲覧者が見やすいように心がけて作成しましょう。

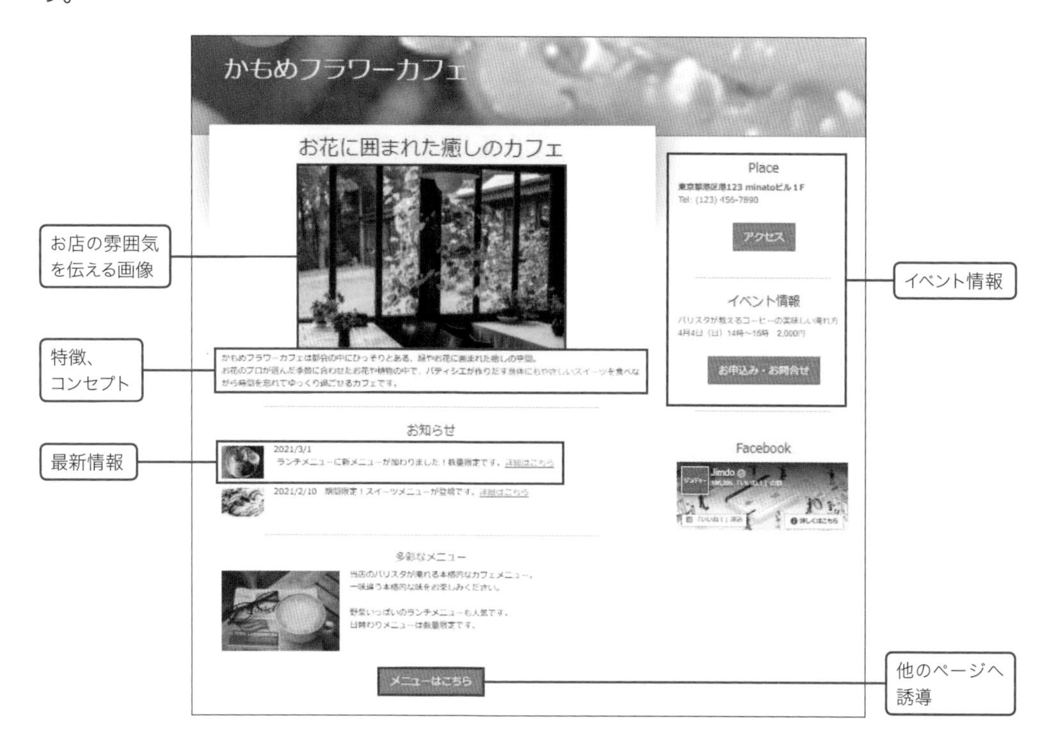

Point

伝えたいことは簡潔に

伝えたいことをすべて文章にして入力してしまうと、長文になり読みづらくなります。
文章は簡潔にまとめて、読みやすさを意識しましょう。

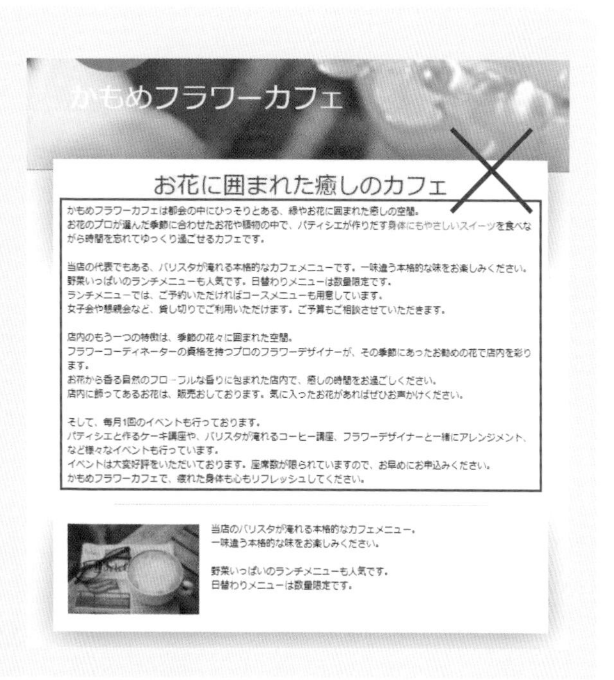

SECTION

03 ホームページのレイアウトを変更しよう

ホームページの中身を作成する前に、まずはレイアウトを変更しましょう。多数あるレイアウトの中からポイントを絞って選択しましょう。

レイアウトとは

ジンドゥーでは初心者でもバランスのとれたページが作成できるように、あらかじめ背景やロゴ、ナビゲーションの配置など、決められたデザインが設定されています。このデザインのことを「レイアウト」といいます。
ジンドゥーのレイアウトは40種類ほどあり、それぞれ世界の都市名が付けられています。

レイアウト選びのポイントを確認しよう

❶ サイドバーの位置　❷ 背景の位置、サイズ
❸ ナビゲーションの位置　❹ ロゴとホームページタイトルの配置

同じ背景写真やコンテンツでもレイアウトによって印象が変わります。

レイアウト名「Amsterdam（アムステルダム）」
❶ サイドバー：右側
❷ 背景の位置：ヘッダー
❸ ナビゲーションの位置：右上
❹ ロゴ、ホームページタイトルの配置：上下

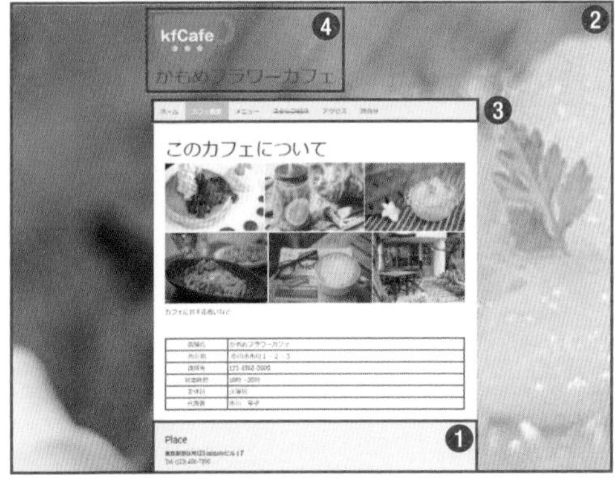

レイアウト名「Berlin（ベルリン）」
❶ サイドバー：下側
❷ 背景の位置：バックグラウンド
❸ ナビゲーションの位置：中央
❹ ロゴ、ホームページタイトルの配置：上下

サイドバーについて確認しよう

サイドバーに表示されている内容はすべてのページに表示されます。
レイアウトの種類によって、サイドバーの位置は左、右、下など異なります。

サイドバーの位置	左、右	下
特徴	サイドバーが目に付きやすいため、注目を集めることができます。	画面を広く使用することができ、画像など、より大きく表示できます。
レイアウト	Amsterdam、San Francisco、St-Peterburgなど	Barcelona、Berlin、Zurichなど

※スマートフォンの画面では、サイドバーの内容はすべて下部に表示されます。

背景の表示位置について確認しよう

レイアウトによって、背景の表示位置がヘッダーまたはバックグラウンドになります。
それぞれ用途に応じて選びましょう。

背景の位置	ヘッダー	ホームページのメイン画像としても利用したい場合
	バックグラウンド	ページの壁紙のように背景を利用したい場合

- レイアウト名：Zurich
- 背景の位置：ヘッダー

- レイアウト名：Barcelona
- 背景の位置：バックグラウンド

Point

レイアウトのスタイルについて

レイアウトごとにフォントの種類やメインカラーなどが設定されています。レイアウトを変更するたび、スタイルで設定（第4章）した内容がリセットされてしまうので注意しましょう。

レイアウトを変更しよう

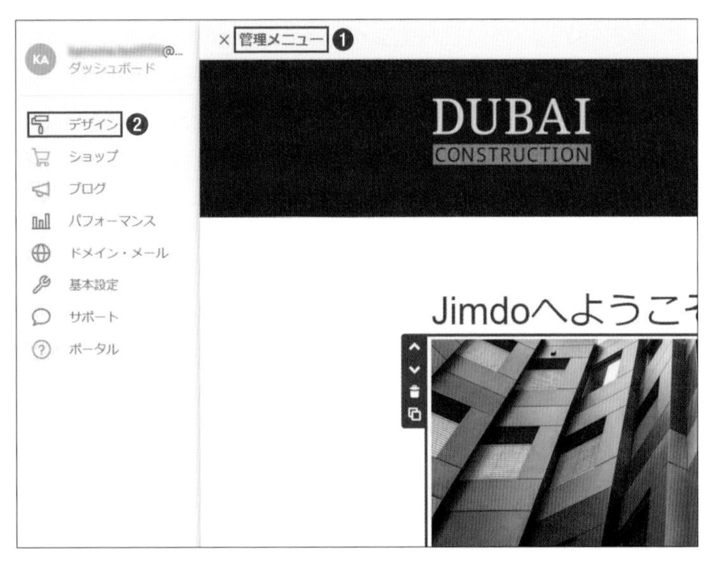

編集画面の左上、「管理メニュー」をクリックします❶。
表示されたメニューから「デザイン」をクリックします❷。

表示されたメインメニューから「レイアウト」をクリックします❶。

レイアウトの一覧が表示されます。左端は現在設定されているレイアウトです❶。気になるレイアウトの上で「プレビュー」をクリックするとレイアウトのイメージを確認することができます❷。
右側の▶をクリックして一覧をスクロールすることができます❸。

今回は「Amsterdam」というレイアウトを選択してイメージを確認します❶。

イメージを確認したら、「保存」ボタンをクリックしてレイアウトを保存します❶。右上の「×」ボタンをクリックしてレイアウトの設定画面を閉じます❷。

レイアウトを変更することができました。

Point

「プリセット」について

各レイアウトの「プリセット」では、背景の高さやカラーの違いなど、更に細かいデザインのバージョンを選択することができます。

SECTION

04 背景に画像や色を設定しよう

レイアウトが決まったら、背景を設定しましょう。作成するホームページの雰囲気にあった背景を設定しましょう。

ホームページの背景について

背景に設定した画像や色はホームページの第一印象として残りやすいため、お店や会社のイメージにあったものを設定しましょう。

背景の種類

背景を設定する際、４つの種類から設定方法を選択できます。

画像	1枚の画像を背景として表示します。追加できる画像の形式：「png」「jpg」「gif」
スライド表示	複数の画像を追加し、スライドショー形式で背景に表示します。
動画	YouTubeにアップされている動画のURLを追加することで動画を背景に設定できます。音声は再生されません。
カラー	単色を背景に設定します。

● 背景設定例

「画像」を設定

「カラー」を設定

背景に画像を設定しよう

編集画面の左上、「管理メニュー」をクリックします❶。
表示されたメニューから「デザイン」をクリックします❷。

表示されたメインメニューから「背景」をクリックします❶。

背景の設定画面が表示されます。「＋」をクリックします❶。

追加する背景の種類が表示されます。「画像」をクリックします❶。

パソコンの中から設定する画像を選択し❶、「開く」をクリックします❷。

画像が追加されました。次に表示されている画像の中心部分を調整します。

プレビュー画面を見ながら、画像の中にある「〇」を上下にドラッグして背景に表示される部分を調整します❶。

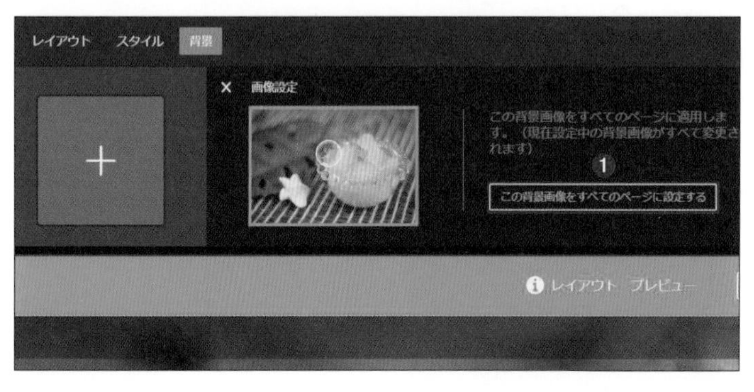

画像の設定ができたら、「この背景画像をすべてのページに設定する」をクリックします❶。

「保存」ボタンをクリックして設定した背景を保存します❶。

「×」ボタンをクリックして背景の設定画面を閉じます❷。

背景に画像が設定されました。

背景に単色を設定しよう

39ページの手順で追加する背景の種類を表示します。一覧から「カラー」をクリックします❶。

表示されたカラーパレットの色と明るさを設定します。
パレットの右側のカラーを上下にドラッグして設定したい色を調整します❶。次に左側の明るさをドラッグして色の明るさを調整します❷。

Check!
実際の色を目安に調整しましょう。

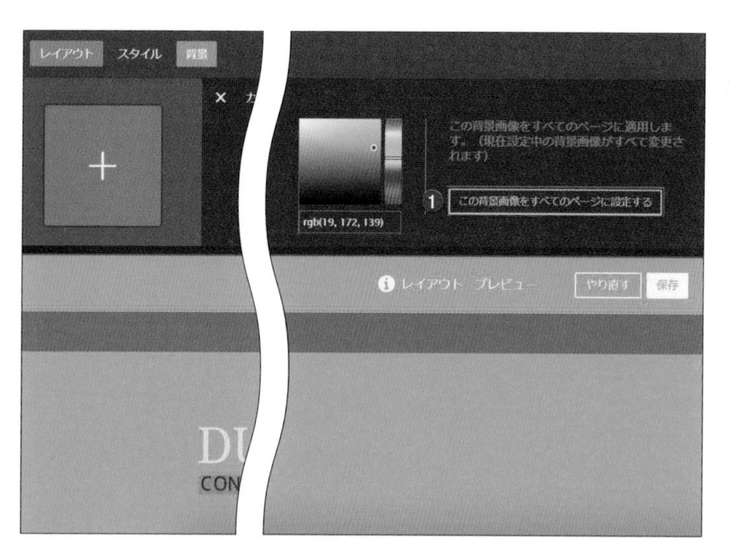

カラーの設定ができたら、「この背景画像をすべてのページに設定する」をクリックします❶。

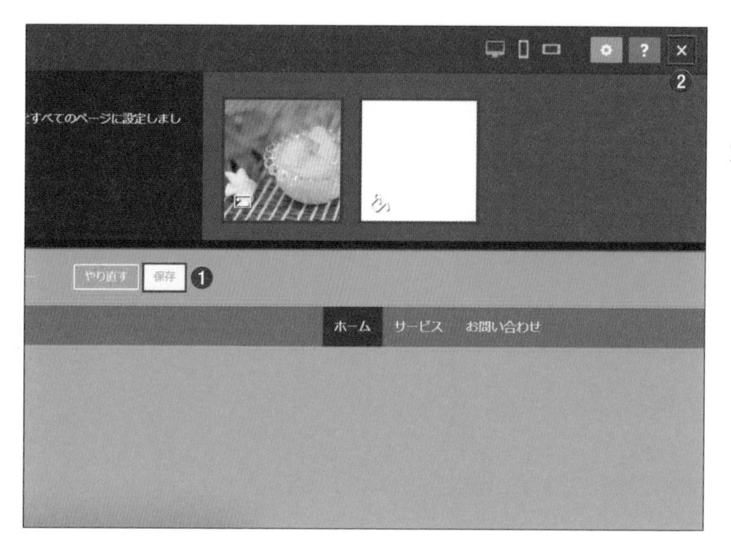

「保存」ボタンをクリックして設定した背景を保存します❶。
「×」ボタンをクリックして背景の設定画面を閉じます❷。

背景が単色に設定されました。

Point

背景を編集したり削除するには？

●設定した背景を編集するには

背景の設定画面を表示し、編集する背景の「設定」ボタンをクリックします❶。

画像の設定画面が表示されます。中心部分などをドラッグして編集し直すことができます❶。

●追加した背景を削除するには

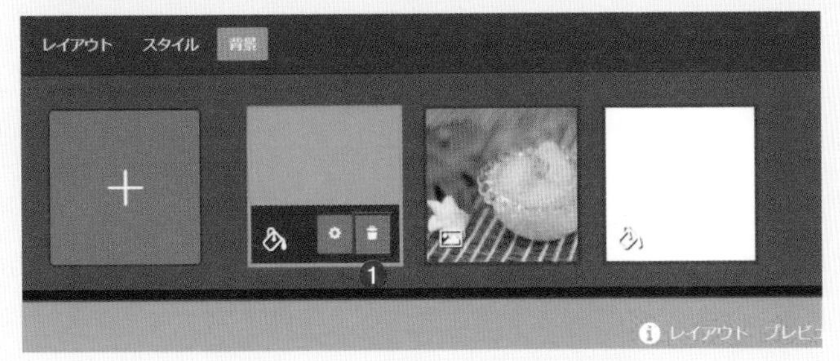

背景の設定画面を表示し、削除する背景の「削除」ボタンをクリックします❶。

SECTION

05 ホームページのタイトルやロゴを設定しよう

ヘッダー部分に表示されている「ページタイトル」と「ロゴエリア」に、それぞれタイトルとロゴを設定しましょう。

ページタイトルとロゴについて

ヘッダーに設定したページタイトルやロゴは、どのページを表示しても同じ部分に表示されるため、印象に残ります。
レイアウトの種類によっては、ページタイトルとロゴ、どちらか一方だけのデザインもあります。

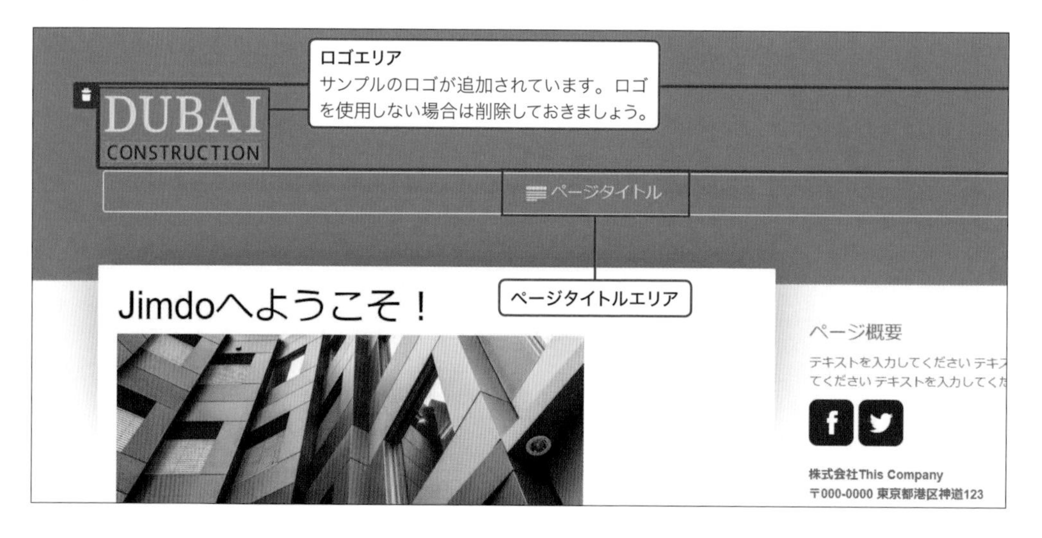

ページタイトル ※文字を入力するエリア	「ページタイトル」には店名や会社名など、ホームページ全体を象徴するタイトルを入力するとよいでしょう。
ロゴ ※画像を追加するエリア 追加可能なファイルは「.png」「.jpg」「.gif」）	「ロゴ」とは店名や会社名をデザイン化したものです。 ロゴのデザインで、お店や会社のイメージを印象付けることができます。 自分で考えて作成する場合や、プロのデザイナーに作成してもらうなどさまざまです。 無料でロゴが作成できるサイト 「LOGO MAKER」https://logo-maker.stores.jp/ 「Canva」https://www.canva.com/ja_jp/　等

ページタイトルを設定しよう

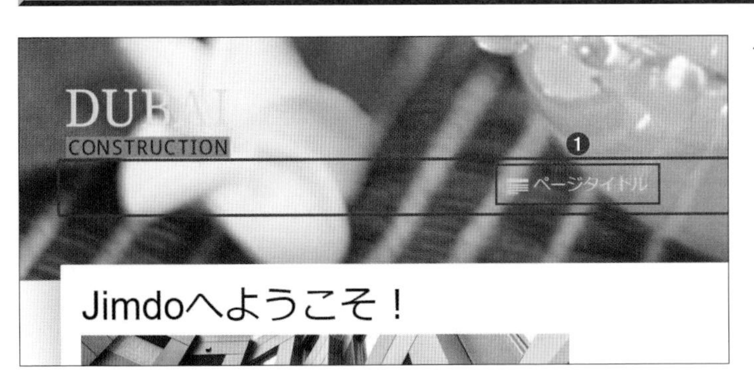

ヘッダーに表示されている「ページタイトル」をクリックします❶。

ページタイトルを入力します❶。「保存」ボタンをクリックして保存します❷。

ページタイトルが設定されました。

Check!

ページタイトルの色の変更は第4章で設定します（118ページ参照）。

サンプルで追加されているロゴを削除しよう

ロゴを使用しない場合でも、サンプルのロゴを削除しておきましょう。

ロゴの上にマウスポインタを合わせます❶。左側に表示された「コンテンツを削除」ボタンをクリックします❷。

「このコンテンツを削除してもよろしいですか？」と表示されたら「はい削除します」をクリックします❶。

サンプルロゴが削除されました。

Check!

削除した後でも「ロゴエリア」の表示は残ります。
ロゴを使用しない場合はこのままにしておきましょう（閲覧画面には表示されません）。

ロゴを追加しよう

ヘッダーに表示されている「ロゴエリア」の上をクリックします❶。

表示された「ここへ画像をドラッグ」の上をクリックします❶。

パソコン上で追加するロゴ画像を選択し❶、「開く」をクリックします❷。

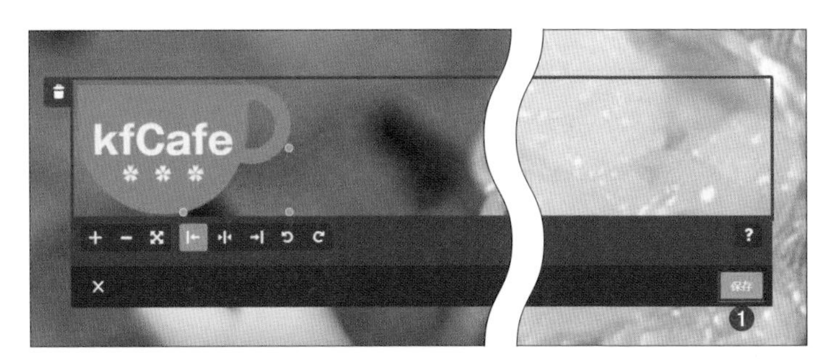

ロゴ画像が追加されました。「保存」ボタンをクリックして保存します❶。

ロゴが設定されました。

Check!

ロゴ画像の背景を透明に設定しておくと、背景に浮くことなく追加できます。

Point

ロゴの配置や大きさを変更するには？

保存したロゴをクリックして表示される編集画面で、ロゴの配置や大きさを変更できます。

SECTION

06 元からあるコンテンツを整理しよう

ホームページの新規作成時に表示されているサンプルコンテンツを整理して、ページを作成する準備を整えましょう。

「コンテンツ」について

ジンドゥーでホームページを作成するには、見出しや文章、画像など、それぞれ用途に応じた「コンテンツ」を追加して作成していきます。

コンテンツの追加方法

編集画面で、「コンテンツを追加」ボタンをクリックします❶。

コンテンツの一覧が表示されます。追加するコンテンツをクリックします❶。

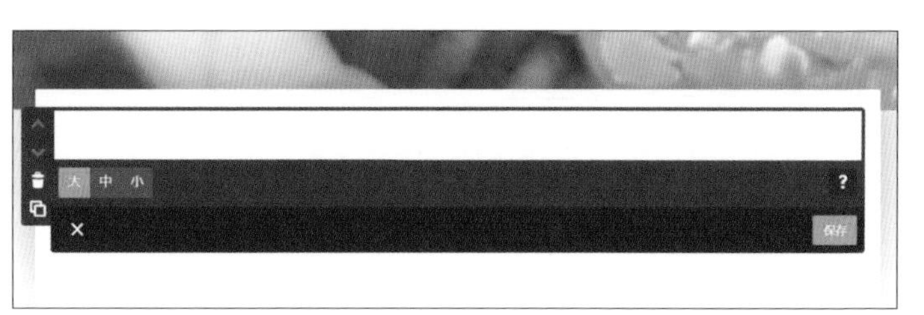

コンテンツが追加されます。

コンテンツの操作ボタン

❶ コンテンツの移動:コンテンツを上下に移動します。
❷ コンテンツを削除：不要なコンテンツを削除します。
❸ コンテンツをコピー：コンテンツを複製します。

サンプルコンテンツについて

ジンドゥーではホームページを効率よく作成できるよう、新規作成したホームページにはサンプルコンテンツが追加されています。
コンテンツの扱いに慣れている場合はこのサンプルコンテンツに上書きして利用するとよいでしょう。

● サンプルコンテンツ例
新規作成時に選択したレイアウトによってサンプルコンテンツの種類は異なります。

Point

コンテンツを一から追加してみよう

本書では、サンプルコンテンツは一度削除して作成していきます。

サンプルコンテンツを削除しよう

削除するコンテンツの上にマウスポインタを合わせます❶。
表示された「コンテンツを削除」ボタンをクリックします❷。

「このコンテンツを削除してもよろしいですか？」と表示されたら「はい削除します」をクリックします❶。

コンテンツが削除されました。

Check!

削除したコンテンツは元に戻すことはできません。

同じように残りのサンプルコンテンツを削除しましょう。

ページ内にコンテンツが何も追加されていない状態では、左図のような画面が表示されます。

Point

サイドバーの設定について

サイドバーにもサンプルコンテンツが表示されています。サイドバーの設定は、Section12（68ページ）で行います。このままにしておきましょう。

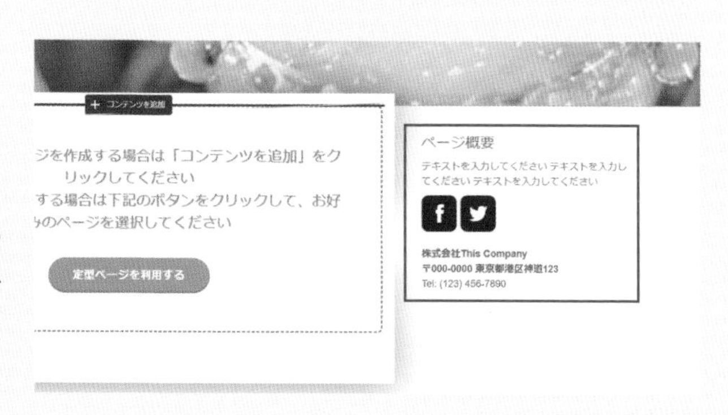

SECTION

07 見出しを入力しよう

必要なコンテンツを追加してページを作りこんでいきましょう。まずページの先頭に見出しコンテンツを追加しましょう。

見出しについて

各ページの先頭には、ページの内容が一目でわかるような見出しを入力しておくとよいでしょう。

- 見出しの種類

見出しコンテンツでは、見出しを「大、中、小」の種類に設定できます。
各ページで、大見出しは「大」、中見出しは「中」、小見出しは「小」というように使い分けるとよいでしょう。

- 見出しの参考例

・トップページ：キャッチコピーとなるようなものを表示するのがおすすめです。
「癒しの空間、森カフェで森林浴」「○○駅徒歩1分大人のピアノ教室」など
・その他のページ：ページ名をそのまま見出しにする。
「カフェの概要」「メニュー」「お問合せ」など

見出しコンテンツを追加しよう

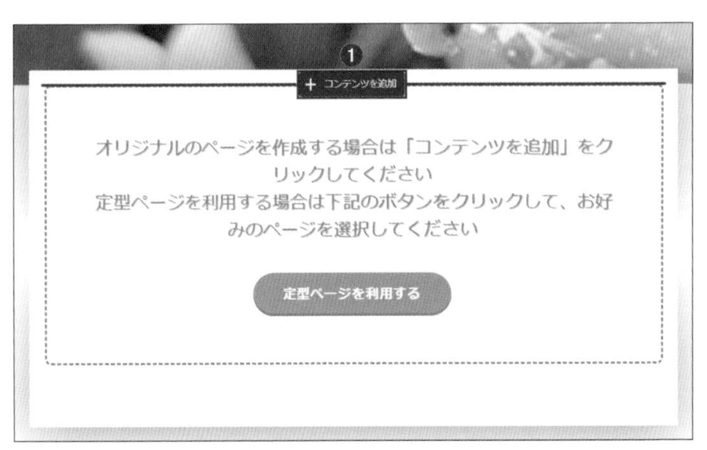

編集画面に表示されている「コンテンツを追加」をクリックします❶。

表示されたコンテンツの一覧から「見出し」をクリックします❶。

見出しコンテンツが表示されます。

見出しのサイズが「大」になっているのを確認します❶。
見出しを入力します❷。
「保存」ボタンをクリックして保存します❸。

見出しが追加されました。

Check!

見出しの文字色の変更などは第4章スタイルの変更（120ページ）で行います。

SECTION

08 メインになる画像を1枚追加しよう

トップページのメインとなるような画像を追加しましょう。お店や会社の象徴となるような画像を追加しましょう。

画像を追加できるコンテンツの種類

ジンドゥーでは、画像を追加できるコンテンツが3種類あります。用途に応じて使い分けましょう。

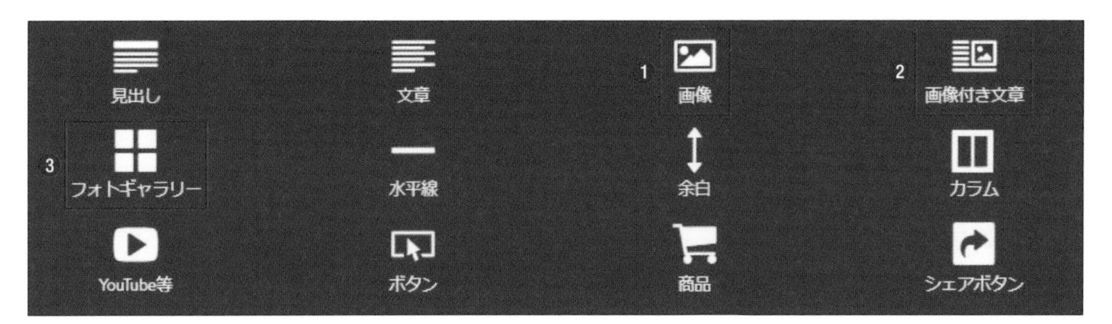

❶ 画像：画像を1枚追加する
❷ 画像付き文章：画像の横に文章を並べて表示する
❸ フォトギャラリー：複数の画像を追加する

追加できる画像ファイル形式とデータサイズについて

ファイル形式：「png」「jpg」「gif」
データサイズ：10MB/1枚まで

Point

写真の加工は事前にしておく

ジンドゥー上で写真を加工することはできません。必要な場合は事前に写真を加工しておきましょう。

画像を1枚追加しよう

画像を追加する場所にマウスポインタを合わせ、表示される「コンテンツの追加」ボタンをクリックします❶。

表示されたコンテンツの一覧から、「画像」をクリックします❶。

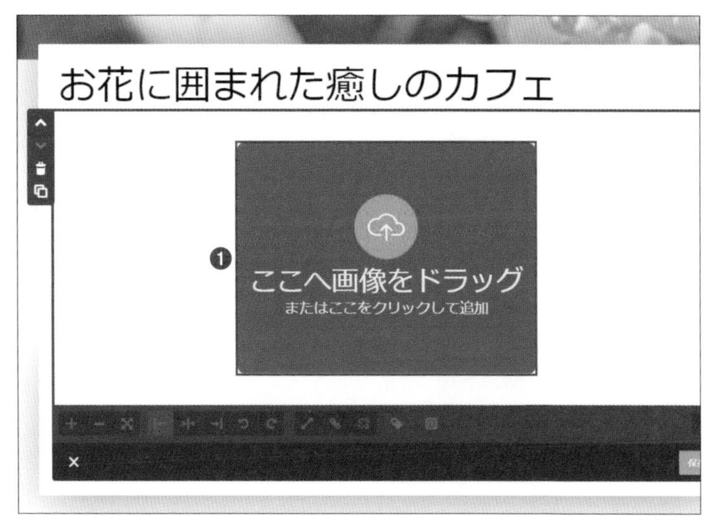

画像コンテンツが表示されます。「ここへ画像をドラッグ」の上をクリックします❶。

パソコン上で追加する写真を選択し❶、「開く」をクリックします❷。

画像が1枚追加されました。

Check!

別の画像に入れ替える場合は、画像の上をクリックして入れ替えることができます。

画像のサイズや配置を変更しよう

・画像のサイズを変更
　画像の四隅の「・」をドラッグする❶、または、「拡大、縮小」ボタンをクリックします❷。

・画像の配置を変更
　「左揃え、中央揃え、右揃え」ボタンをクリックします❸。

変更できたら「保存」ボタンをクリックして保存します❹。

画像が保存されました。

Point

キャプションと代替えテキストについて

画像の編集画面で、「キャプションと代替えテキスト」ボタンをクリックすると、キャプションと代替えテキストの入力画面が表示されます。

・キャプション：画像についての補足説明を表示できます。必要な場合に入力しておきましょう。
・代替えテキスト：何らかの理由でホームページ上に画像が表示されない場合に、画像の代わりに表示されるテキストです。ホームページに画像を追加した際には入力しておきましょう。

SECTION

09 文章を入力しよう

文章コンテンツを追加して文章を入力していきましょう。閲覧者が読みやすいように、文章の長さや内容など考えて入力していきましょう。

文章コンテンツを追加しよう

トップページには、簡単な挨拶として、どんなお店や会社なのかがわかるような文章を入力しておくとよいでしょう。

文章を追加する場所にマウスポインタを合わせ、表示される「コンテンツの追加」ボタンをクリックします❶。

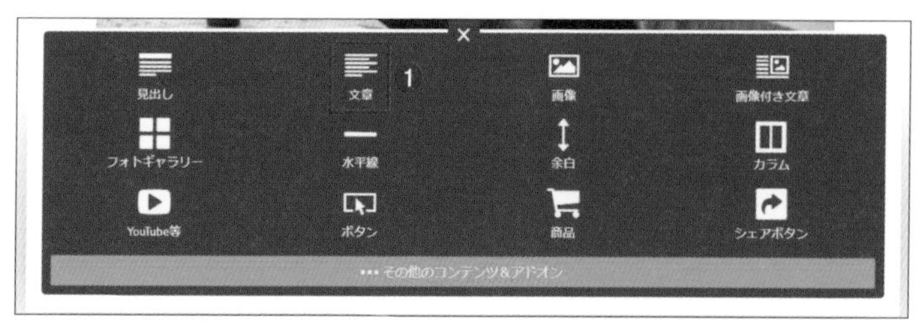

表示されたコンテンツの一覧から、「文章」をクリックします❶。

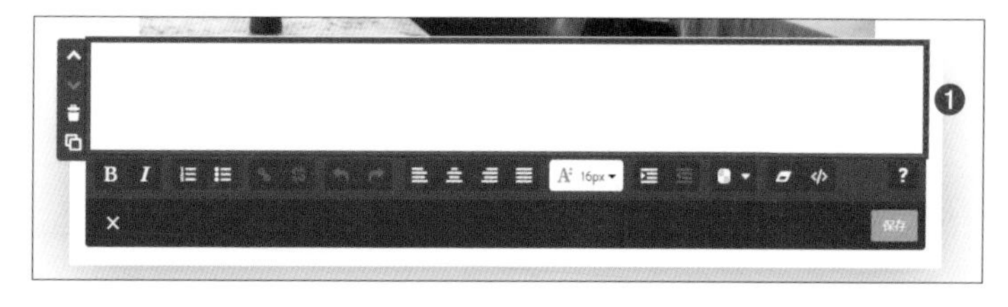

文章コンテンツが表示されます。空欄に文章を入力します❶。

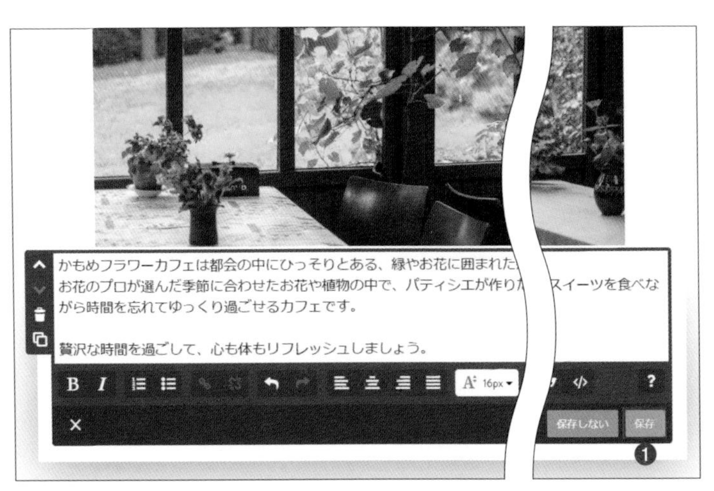

文章を入力し終えたら「保存」ボタンをクリックして保存します❶。

Check!

文章が少し長くなる場合、改行して空白行を入れると読みやすくなります。

文章が追加されました。

Point

文章コンテンツの書式設定について

文章コンテンツの編集画面では、さまざまな文字の書式を設定することができます。

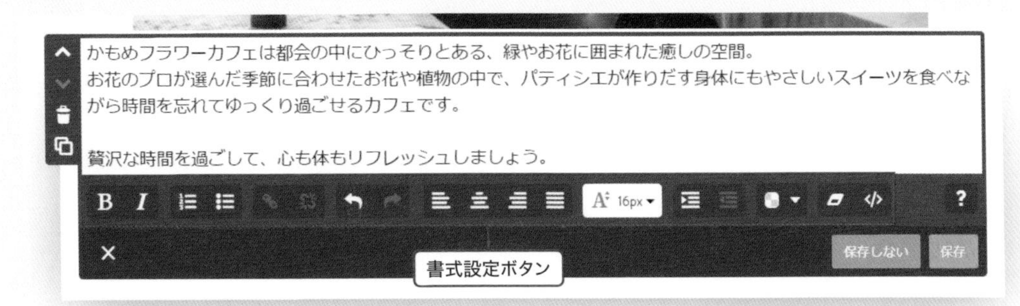

文字の色を変更するには

色を変更する文字を範囲選択します❶。
「テキストカラー選択」をクリックします❷。

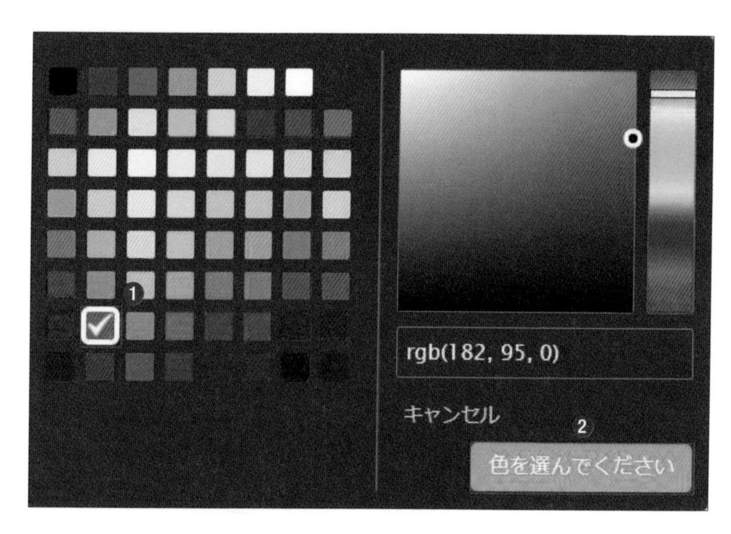

表示されたカラーパレットから、変更する文字色を選択します❶。
「色を選んでください」をクリックします❷。

文字の色が変更されました❶。「保存」ボタンで保存します❷。

文字の大きさを変更するには

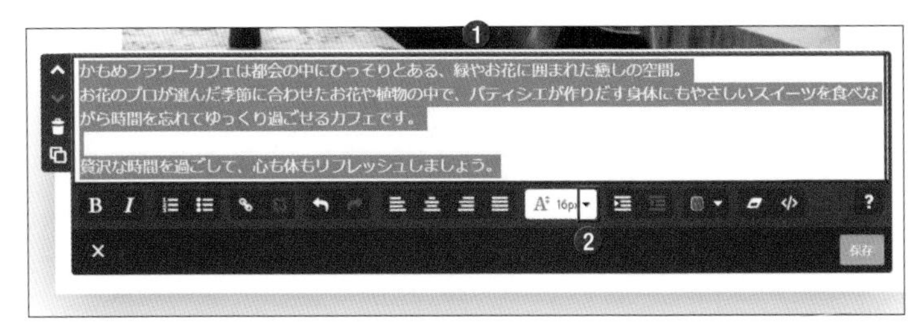

大きさを変更する文字を範囲選択します❶。
フォントサイズの横の▼をクリックします❷。

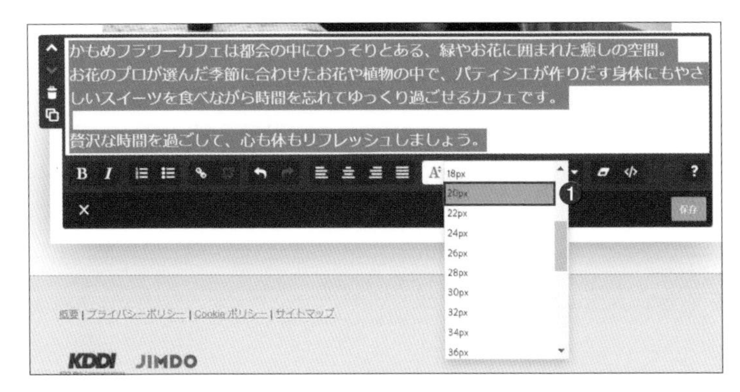

フォントサイズ一覧をスクロールし、変更するサイズを選択します❶。

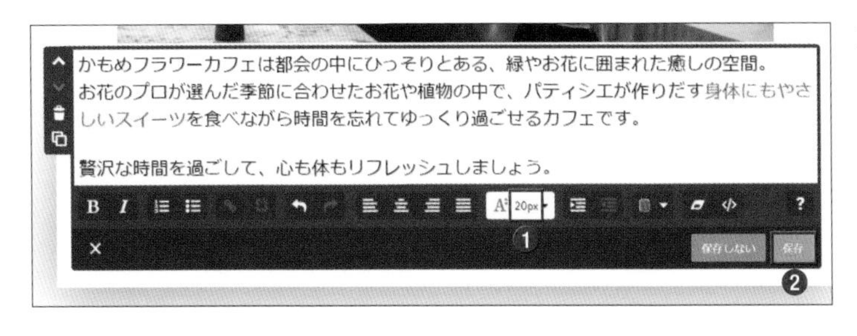

文字の大きさが変更されました❶。
「保存」ボタンをクリックして保存します❷。

Point

「設定解除」で元の書式を解除しよう

Wordやその他のソフトに入力してある文字をコピーして、文章コンテンツに張り付けて利用する際には、文字を貼り付けた後に「設定解除」をクリックして、元の書式をクリアしておきましょう。

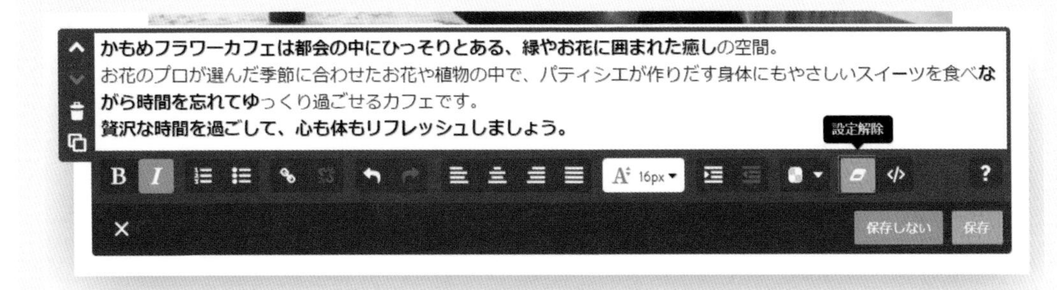

SECTION

10 画像と文章を一緒に配置しよう

「画像付き文章」コンテンツを追加しましょう。「画像付き文章」では、画像の横に文章を並べて表示することができます。

画像付き文章について

画像と文章を並べて表示することで、さまざまなシーンで活用できます。

● プロフィールに利用

かもめIT教室：代表
岩間　麻帆　（Maho Iwama）

出身地：東京都
パソコン講師歴：19年

パソコン講師の経験から、集団講習では手に届かない個人のニーズに対応できる【マンツーマンレッスンの必要性】を感じていました。

「受講者の知りたい所だけ、分からない所だけ」を中心に、わかるまで丁寧に教えていきたい！という思いから、2016年にシニア向けＩＴ機器マンツーマンレッスン「かもめＩＴ教室」を起業。

受講者の方一人ひとりに寄り添い、丁寧にレッスンを行っています。

● お知らせ一覧として利用

お知らせ

2021/3/1
ランチメニューに新メニューが加わりました！数量限定です。詳細はこちら

2021/2/10　期間限定！スイーツメニューが登場です。詳細はこちら

2021/2/1
2021年6月から休業日が変更になります。ご注意ください。詳細はこちら

● 画像と文章の配置を交互にして表示

有名レストラン出身のパティシエが心をこめて作り上げるカフェメニューです。

野菜いっぱいのランチメニューも人気です。

テイクアウトもできます。

メニューはこちら

フラワーコーディネートについて本格的に学んだデザイナーが作り出す空間。

美味しい食事やカフェをいただきながら、たっぷりと癒された時間を過ごしませんか

画像付き文章を追加しよう

画像付き文章を追加する場所にマウスポインタを合わせ、表示される「コンテンツを追加」をクリックします❶。

表示されたコンテンツの一覧から、「画像付き文章」をクリックします❶。

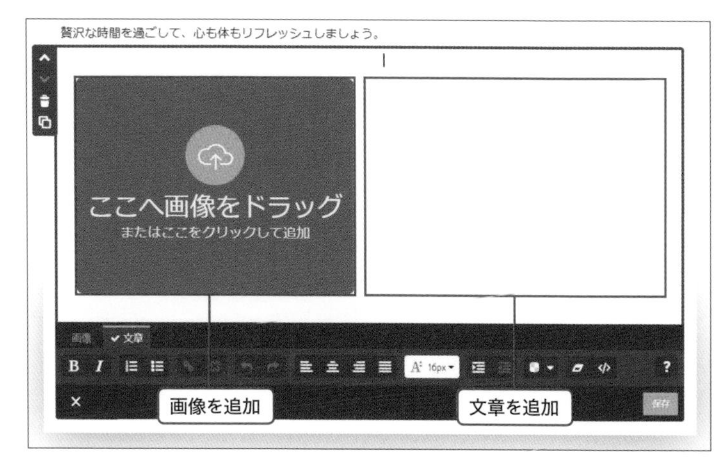

画像付き文章コンテンツが表示されます。

Check!

左側が画像追加エリア、右側が文章入力エリアになります。

画像を追加しよう

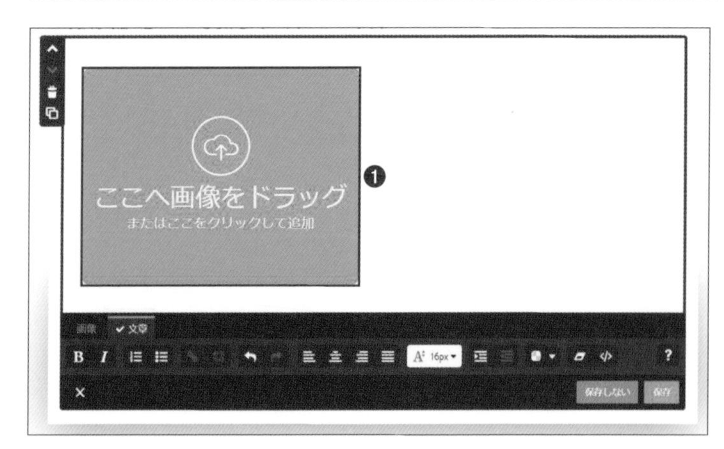

画像追加エリアの「ここへ画像をドラッグ」の上をクリックします❶。

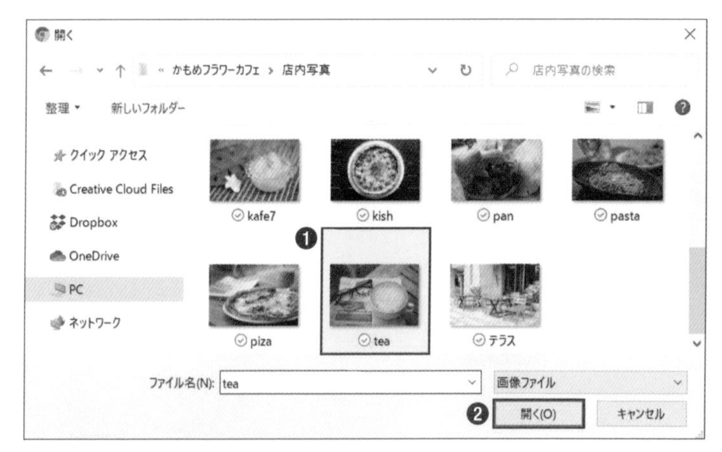

パソコン上で追加する写真を選択します❶。「開く」をクリックします❷。

画像が追加されました。

文章を入力しよう

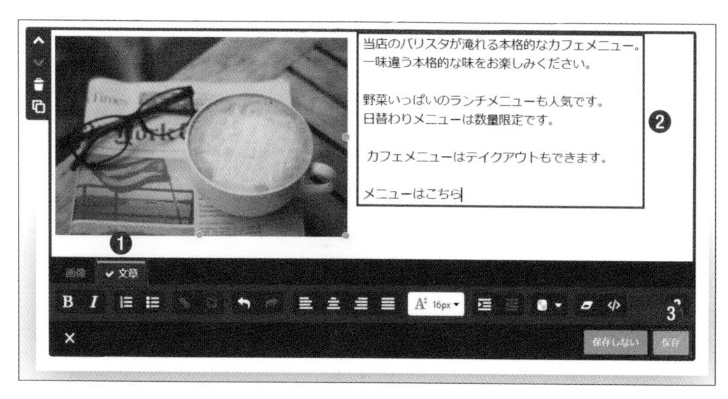

編集画面の「文章」タブをクリックします❶。カーソルが表示されたら、文章入力エリアに文章を入力します❷。
「保存」ボタンをクリックして保存します❸。

当店のバリスタが淹れる本格的なカフェメニュー。
一味違う本格的な味をお楽しみください。

野菜いっぱいのランチメニューも人気です。
日替わりメニューは数量限定です。

カフェメニューはテイクアウトもできます。

メニューはこちら

画像付き文章が追加されました。

Point

画像付き文章の編集

● 画像のサイズを変更するには

「画像」タブをクリックします❶。
画像の四隅の「・」をドラッグ❷又は「拡大/縮小」ボタンをクリックして❸、画像サイズを変更します。

● 画像と文章の配置を変更するには

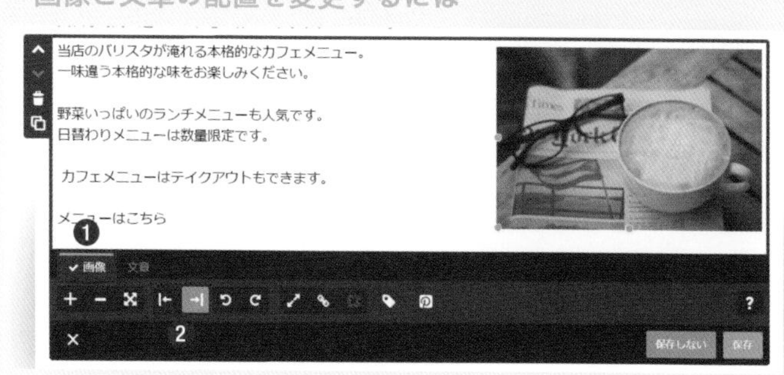

「画像」タブをクリックします❶。「右揃え/左揃え」ボタンで画像と文章の配置を変更します❷。

SECTION 11

ホームページがどのように見えるか確認しよう

ホームページの編集画面からプレビュー画面に切り替えて、作成しているホームページが実際にどのように表示されるか確認しましょう。

プレビュー画面を表示しよう

「プレビュー」画面では、編集しているホームページが実際にどのように閲覧者に表示されているか確認することができます。

編集画面の右上に表示されている「プレビュー」ボタンをクリックします❶。

パソコンで閲覧した際の「デスクトッププレビュー」画面が表示されます。

Check!

画面上に表示される「Cookie（クッキー）の利用」については168ページを参照してください。

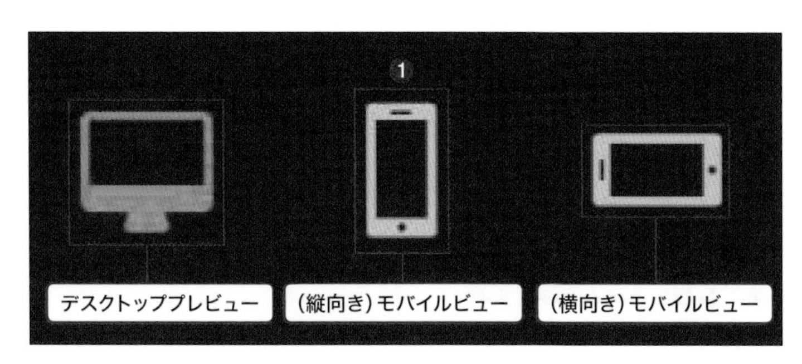

モバイルプレビュー(スマホやタブレット)も表示することができます。(縦向き)モバイルビューボタンをクリックします❶。

縦向きのモバイルプレビュー画面が表示されます。スクロールして表示を確認しましょう。

Check!

スマートフォン画面では、ナビゲーションは三本線「☰」の中に折りたたまれて表示されます。

編集画面に戻ろう

プレビュー画面ではホームページを編集することができません。編集を続ける場合は編集画面に戻りましょう。

プレビュー画面に表示されている「編集画面に戻る」をクリックして編集画面に戻ります❶。

SECTION

12 サイドバーに情報を追加しよう

ホームページのサイドバーに必要な情報を表示しておくと便利です。サイドバーを整理して、必要なコンテンツを追加していきましょう。

サイドバーの役割

サイドバーに表示された内容は、全てのページに表示されます。注目してもらいたい情報などを追加して活用しましょう。
レイアウトの種類によって、サイドバーの位置は左、右、下など異なります（35ページ参照）。
スマートフォン画面では、サイドバーの内容は画面の下部に表示されます。

サイドバーの活用例

サイドバーのサンプルコンテンツを削除しよう

サイドバーに表示されているサンプルコンテンツを削除します（50ページ参照）❶。

サイドバーのサンプルコンテンツが削除されました。

サイドバーにコンテンツを追加しよう

サイドバーに表示したい情報を追加していきましょう。

サイドバーの「コンテンツを追加」をクリックします❶。

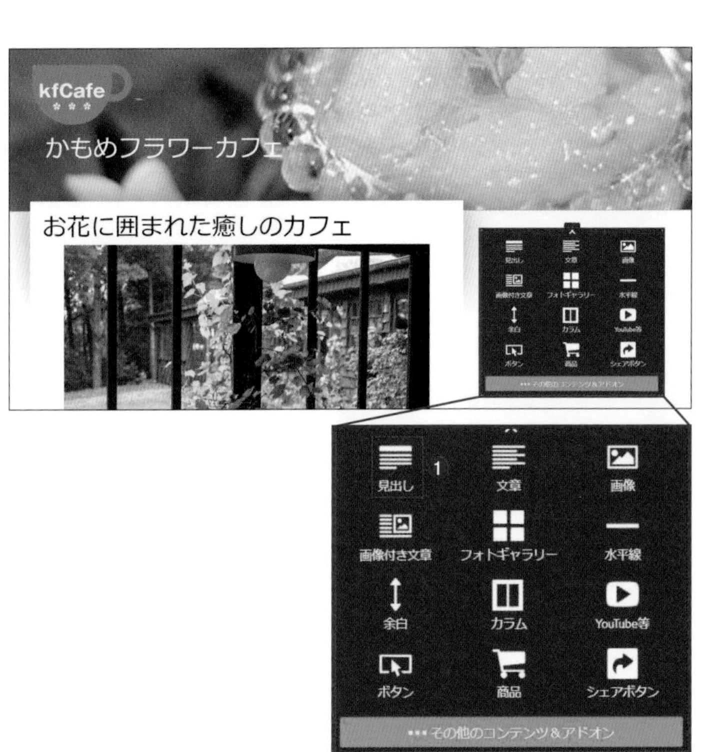

表示されたコンテンツの一覧から「見出し」をクリックします❶。

見出しコンテンツが表示されます。見出しを入力します❶。見出しの大きさを設定します❷。
「保存」をクリックして保存します❸。

サイドバーに見出しコンテンツが追加されました。

同じように、サイドバーに必要なコンテンツを追加していきましょう。

Point

隠れている編集ボタンを表示するには

左右に表示されているサイドバーは横幅が狭いため、コンテンツの編集ボタンが非表示になっていることがあります。編集する場合は、隠れているボタンを表示して編集しましょう。

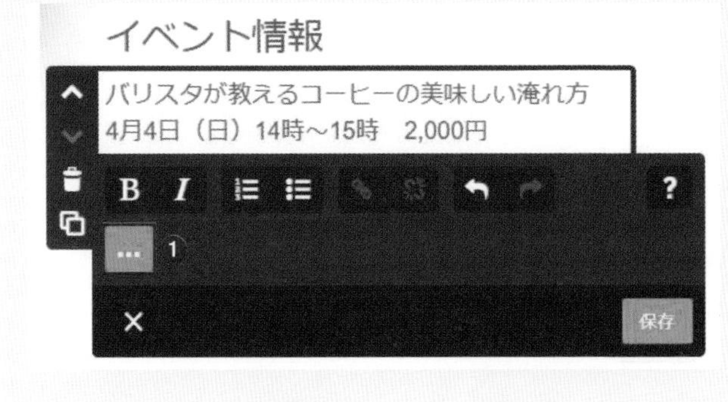

コンテンツの編集画面の「オプション」ボタンをクリックします❶。

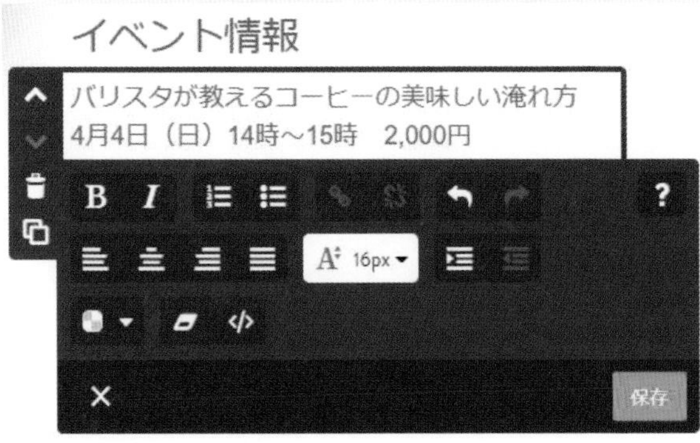

隠れている編集ボタンが表示されます。

SECTION 13
水平線や余白を入れてページの見た目を整えよう

ホームページに追加したコンテンツの間に水平線や余白を追加して、ページ全体のバランスを整えていきましょう。

水平線を追加しよう

各コンテンツの間に水平線を追加することで、内容を区切ることができ、見た目もわかりやすく表示することができます。

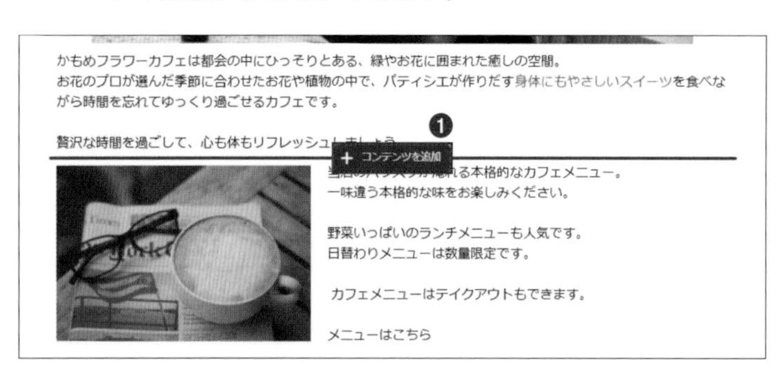

水平線を追加するコンテンツの間にマウスポインタを合わせ、表示される「コンテンツを追加」をクリックします❶。

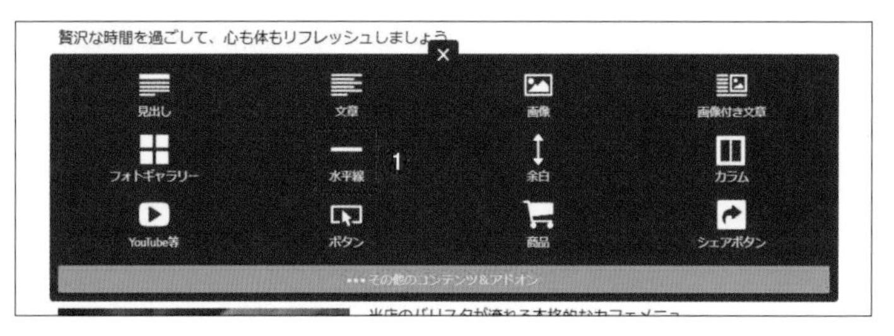

表示されたコンテンツの一覧から「水平線」をクリックします❶。

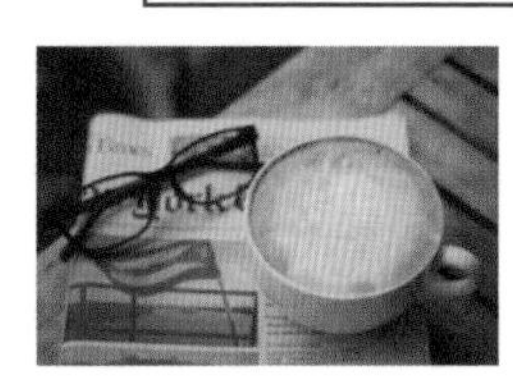

水平線が追加されました。

余白を追加しよう

コンテンツの間に余白を追加することで、ページ内をスッキリと表示することができます。

余白を追加する場所にマウスポインタを合わせ、表示される「コンテンツを追加」をクリックします❶。

表示されたコンテンツの一覧から「余白」をクリックします❶。

余白コンテンツが表示されます。余白の境界線を上下にドラッグして余白の幅を調節します❶。「保存」ボタンをクリックして保存します❷。

Check!

サイズボックスの数字でも余白幅を調節できます。

余白が追加されました。

ページを整えよう

同じように、水平線や余白を追加したり、その他必要なコンテンツを追加してトップページを整えましょう。

Point

トップページを基盤にして他のページを作成する

本トップページのベースが作成できました。
次の章では他のページを作成していきます。他のページが作成できたら、トップページにリンクの設定（108ページ）などしていきましょう。

CHAPTER 3

ホームページに必要なその他のページを作ろう

SECTION

01 本書で作る その他のページの見本

トップページの他に必要なその他のページを作成してきましょう。この章ではページを作成しながらさまざまなコンテンツの利用方法を説明していきます。

カフェ概要ページ

お店のコンセプトや情報を、雰囲気を伝える画像の一覧や表を使って表示しているページです。

カフェ概要

フォトギャラリー

かもめフラワーカフェでは、バリスタが淹れる本格的なコーヒーの香りと、お花のプロが選んだ季節に合わせたお花や植物の香り漂う店内です。
有名レストランで修行したシェフが作る料理とパティシエが作るスイーツも人気です。
落ち着いた雰囲気の店内で 贅沢な時間を過ごして、心も体もリフレッシュしましょう。

表

店舗名	かもめフラワーカフェ
所在地	東京都港区港123 minatoビル1F
電話番号	(03) 4567-0000
営業時間	10:00～20:00（ラストオーダー19:30）
定休日	火曜日

メニューページ

お店の商品やメニューを紹介するページです。コンテンツを横に並べる「カラム」を使って表示しています。

メニュー

カラム

Lunch

日替わりランチ　950円（税込）
パスタランチ　1000円～（税込）
ピザランチ　900円～（税込）

Drink

ブレンドコーヒー　500円（税込）
カフェラテ　600円（税込）
エスプレッソ　600円（税込）
紅茶各種　600円～

Sweets

ケーキセット　1000円（税込）
パンケーキ　700円～
ケーキ　500円～
自家製ゼリー　500円～

アクセスページ

お店の場所や交通手段を表示しているページです。「Googleマップ」を使って地図を表示しています。

お問合せページ

お客様からのお問合せやメッセージなどを受付するページです。「フォーム」を使用しています。

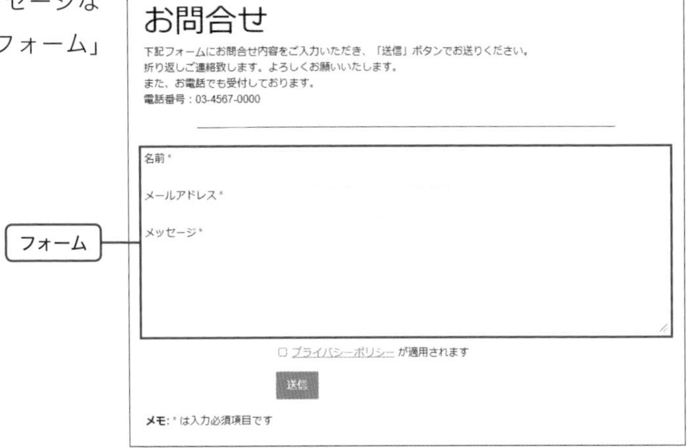

トップページ

その他のページが作成できたら、トップページに他のページに移動するリンクを設定します。

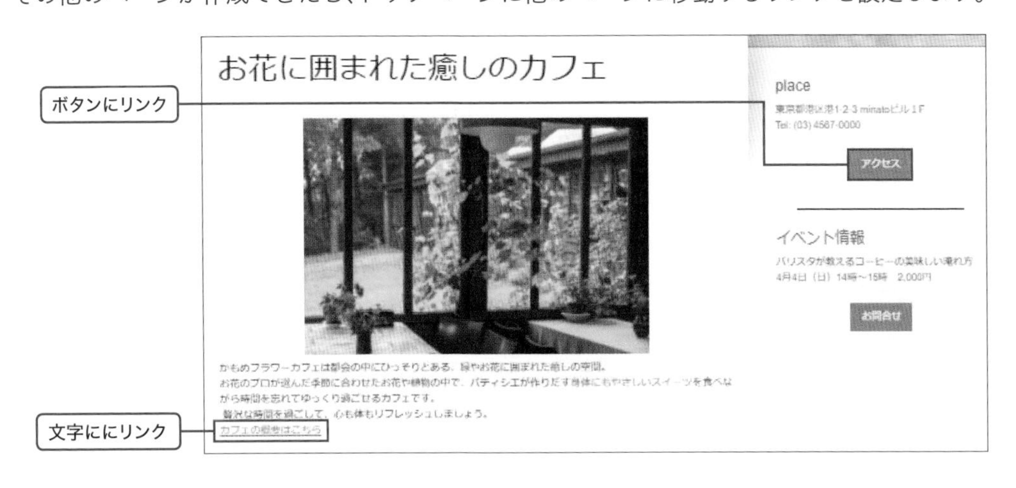

SECTION

02 新しいページを追加しよう

トップページ以外にもホームページに必要なページを追加していきましょう。ページの追加は「ナビゲーションの編集」画面を表示して行います。

ジンドゥーでは、ホームページのページ名が一覧で表示されているエリアを「ナビゲーション」といいます。ページの新規作成や削除はナビゲーションの編集画面を表示して行います。
※追加するページの種類については、14ページの業種別作成ページ例を参考にしましょう。

ページを追加する際のチェック事項

1. ページ名は長くならないように短くまとめましょう
2. ナビゲーションに表示するページ数は5～6ページを目安にしましょう
   ※ページ数が多すぎると目的のページを見付けにくくなります。

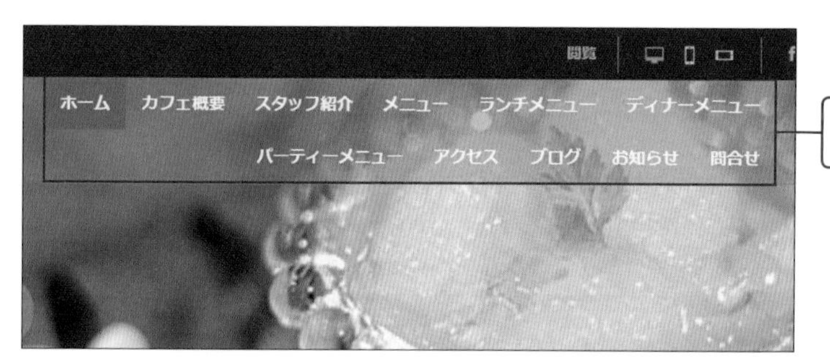

ページ数が多いとナビゲーションが2行になってしまう。

3. ページ数が多い場合はページに階層を設定してまとめましょう
   ※ページに階層を設定することで、ナビゲーションに表示するレベルを調整できます。
   ※詳細は第4章126ページ参照。

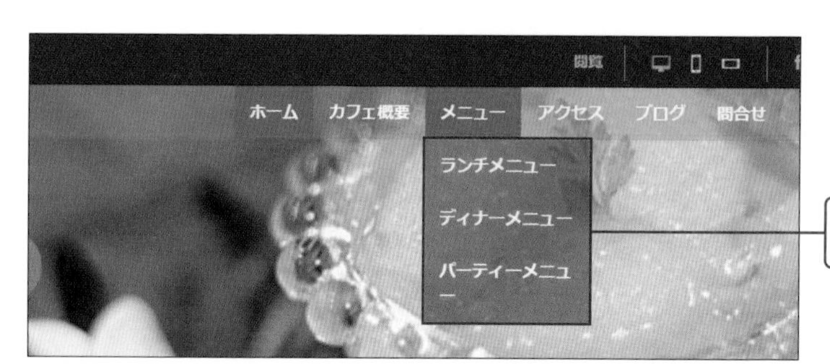

ページ名をポイントすると、下の階層のページが表示されます。

ナビゲーションの編集画面を表示しよう

ナビゲーションの上にマウスポインタを合わせます❶。
表示された「ナビゲーションの編集」をクリックします❷。

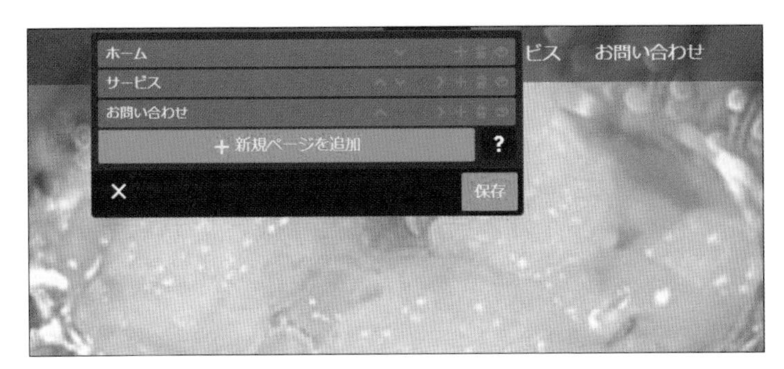

ナビゲーションの編集画面が表示されます。

サンプルページを削除しよう

ホームページを新規作成するとサンプルページがいくつか追加されています。
今回は、第2章で作成した「ホーム」以外のサンプルページを削除していきます。

ナビゲーションの編集画面を表示し、削除するページにマウスポインタを合わせます❶。「このページを削除」をクリックします❷。

このページを本当に削除しますか？と表示されます。
「はい、削除します」をクリックします❶。

Check!

削除したページは元に戻すことができません。

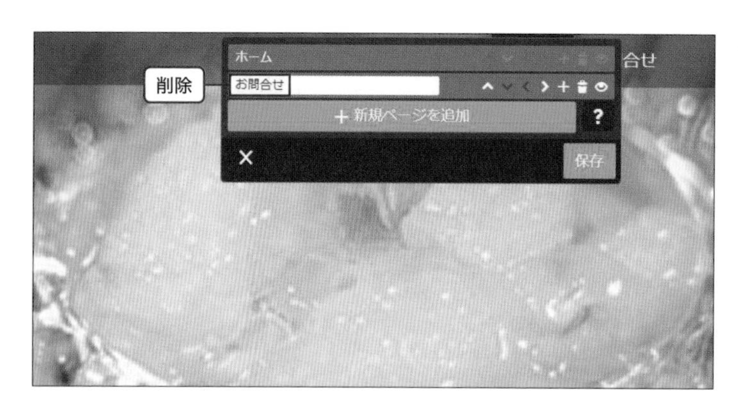

ページが削除されました。

Check!

同じように「ホーム」以外のページを削除しましょう。

ホーム以外のページが削除されました。

新しいページを追加しよう

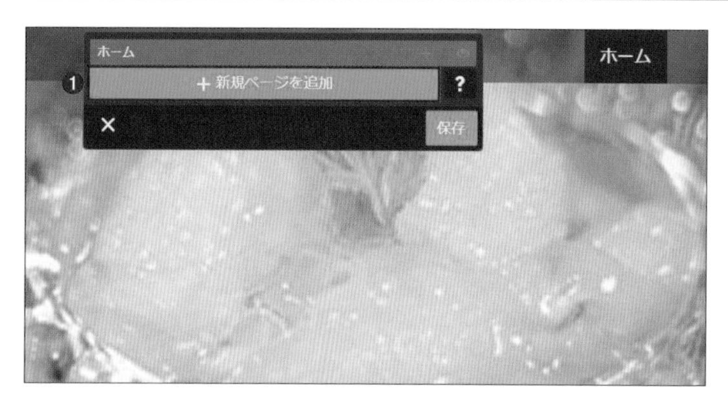

ナビゲーションの編集画面を表示します。
「新規ページを追加」をクリックします❶。

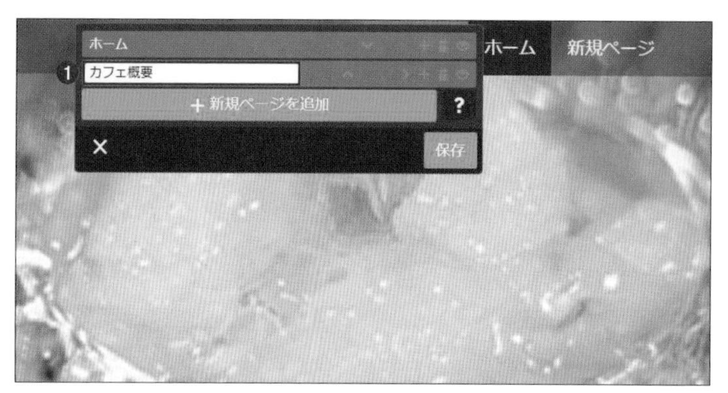

新規ページが追加されます。
追加するページ名を入力します❶。

同じように、「新規ページを追加」をクリックして必要なページを追加していきます❶。
必要なページが追加できたら「保存」をクリックして保存します❷。

新しいページが追加されました。ナビゲーションに追加したページ名が表示されます。

Point

ページ順を変更するには

ナビゲーションの編集画面を表示します。
移動するページ名の「このページを上に移動」又は「このページを下に移動」ボタンをクリックしてページの順序を変更します。

Check!

移動ごとに1回ずつクリックして移動します。

SECTION

03 追加したページに見出しを入れよう

新しく追加したページの中身を作成していく前に、まずは追加したページにそれぞれ見出しを追加していきましょう。

新しく追加されたページは、コンテンツが何も追加されていない白紙の状態です。
各ページを作りこんでいく前に、どのページが表示されているか一目でわかるように、全てのページに見出しコンテンツを追加していきましょう。

ページの表示を切り替えよう

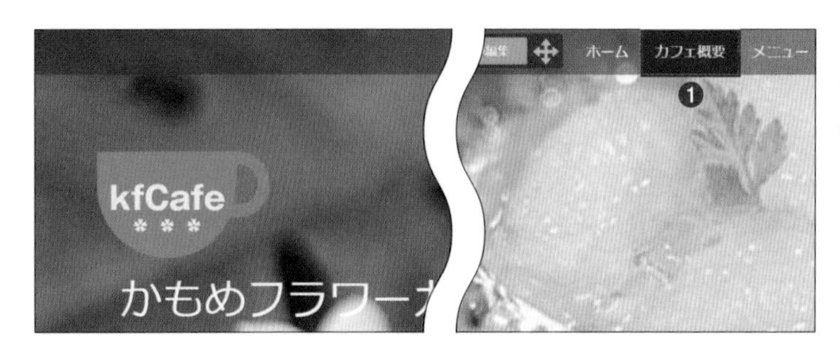

ナビゲーションに表示されているページ名をクリックしてページの表示を切り替えます❶。

各ページに見出しを追加しよう

ページに表示されている「コンテンツを追加」をクリックします❶。

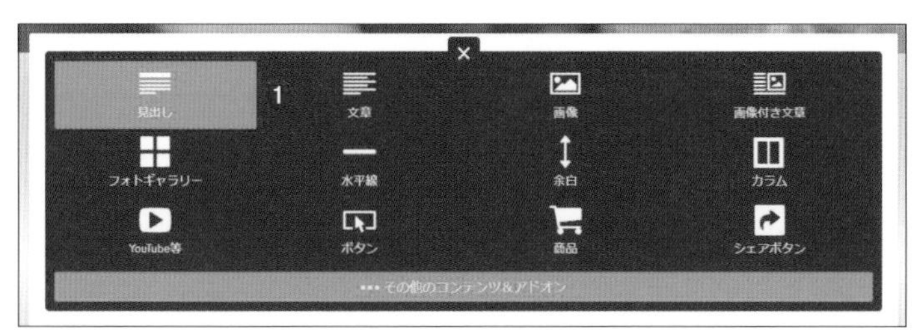

表示されたコンテンツの一覧から「見出し」をクリックします❶。

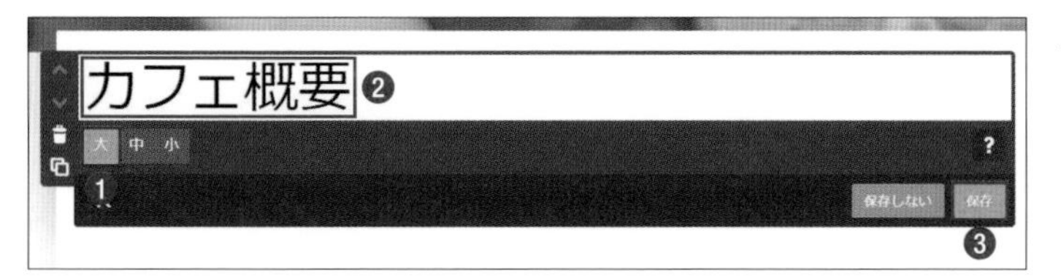

見出しのサイズが「大」になっているのを確認します❶。見出しを入力します❷。

「保存」ボタンをクリックして保存します❸。

ページに見出しが追加されました。

見出しの追加

他のページも同じように見出しを追加しておきましょう。

SECTION

04 店舗概要ページを作ろう

複数の画像を並べて表示する「フォトギャラリー」コンテンツを追加して、お店や会社の雰囲気を伝えられるような画像を一覧で表示しましょう。

「フォトギャラリー」コンテンツでは、複数の画像を追加して並べて表示することができます。更に、表示形式を変更することで、さまざまなシーンに合わせて利用することができます。

フォトギャラリーを追加しよう

今回は、「カフェ概要」のページにフォトギャラリーを追加します。

ナビゲーションからフォトギャラリーを追加するページ名をクリックして表示を切り替えます❶。

フォトギャラリーを追加する場所にマウスポインタを合わせ、表示される「コンテンツの追加」ボタンをクリックします❶。

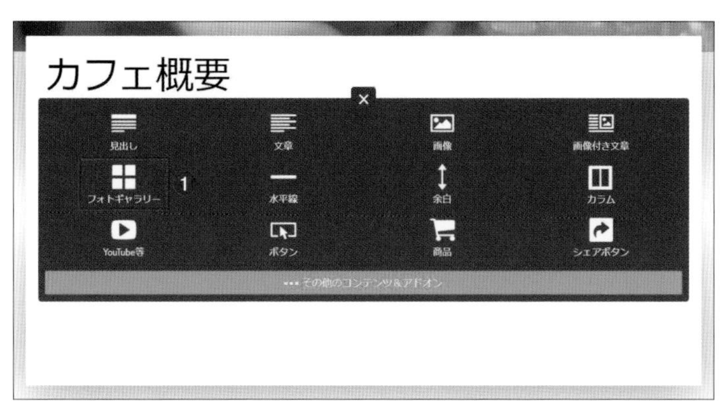

表示されたコンテンツの一覧から「フォトギャラリー」をクリックします❶。

フォトギャラリーコンテンツが表示されます。

「ここへ画像をドラッグ」の上をクリックします❶。

パソコン上で追加する画像を選択し❶。「開く」をクリックします❷。

Check!

Ctrl キーを押しながら画像をクリックすると、複数の画像を同時に選択して追加することができます。

フォトギャラリーに画像が追加されました。
「保存」ボタンをクリックして保存します❶。

Check！

画像サイズが大きい場合は追加されるまで時間がかかります。

フォトギャラリーが追加されました。

Check！

画像を更に追加するには、編集画面を表示し、「ここへ画像をドラッグ」の上をクリックして追加します。

画像の表示順を変更しよう

フォトギャラリーをクリックして、編集画面を表示します。
編集画面に表示されている画像をドラッグして表示順を変更します❶。

画像の表示サイズを変更しよう

フォトギャラリーをクリックして、編集画面を表示します。
編集画面の「表示サイズ」のボタンをドラッグしてサイズを変更します❶。

追加した画像を削除しよう

フォトギャラリーの編集画面を表示します。
削除する画像の上にマウスポインタを合わせ、「削除」をクリックします❶。

フォトギャラリーの表示形式を変更しよう

フォトギャラリーの表示形式を変更することができます。初期設定では「横並び」で表示されています。

● 横並び

画像を横に並べて表示します。
「表示サイズ」や「余白」ボタンで表示サイズや余白を調整することができます。

● 縦並び

画像を縦に並べて表示します。
「列数」や「余白」ボタンで表示列や余白を調整することができます。

● タイル

タイル状に画像を並べて表示します。画像の枚数が多い場合にまとめて表示することができます。
「拡大、縮小」でタイルのサイズを変更できます。

● スライダー

スライドショー形式で1枚ずつ画像を表示します。
「遅い、早い」でスライドの速さも調節できます。

フォトギャラリーにキャプションと代替えテキストを追加しよう

※キャプションと代替えテキストについては57ページ参照

フォトギャラリーの編集画面を表示します。
「リスト表示」ボタン をクリックします❶。

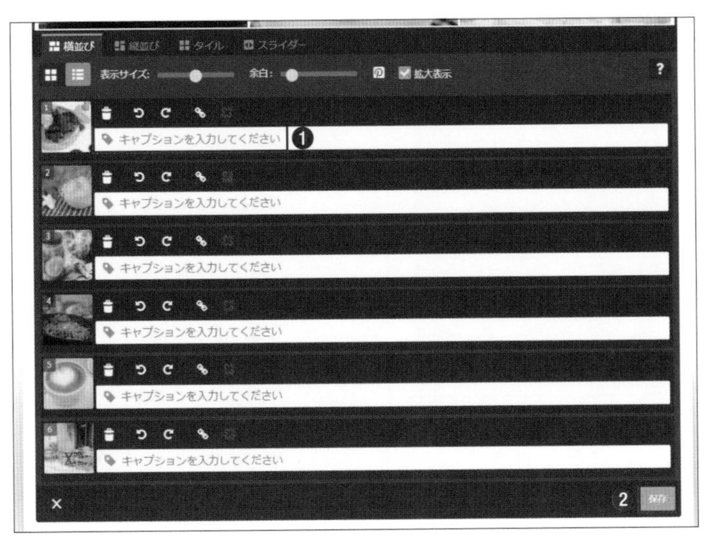

編集画面がリスト表示に切り替わります。
「キャプションを入力してください」欄にキャプション、又は代替えテキストを入力します❶。
入力し終えたら「保存」ボタンをクリックして保存します❷。

Check!

フォトギャラリーでは、キャプションと代替テキストは同じ入力欄を共有して使用します。

Point

画像のファイルサイズについて

フォトギャラリーに追加できる画像のファイルサイズは無料版の場合10MB/1枚です。
ファイルサイズが大きいと負荷がかかり画像が表示されるまで時間がかかります。サイズが大きい場合は事前にサイズを調整しておきましょう（170ページ参照）

SECTION

05 情報を表にまとめよう

お店や会社の必要な情報を表を追加して入力しましょう。表を使用することで、情報を整理して表示することができます。

表を追加して情報を入力しよう

今回は、「カフェ概要」のページにお店の情報を表にまとめて表示します。

表を追加する場所にマウスポインタを合わせ、表示される「コンテンツの追加」ボタンをクリックします❶。

コンテンツの一覧から「その他のコンテンツ＆アドオン」をクリックします❶。

全てのコンテンツが表示されました。
その他のコンテンツから「表」をクリックします❶。

2列2行の表が追加されました。
セルの中をクリックして文字入力していきます❶。

表のマス目のことを「セル」といいます。

セルに文字が入力されました。

表に行を追加しよう

表の編集画面を表示します。行を追加する上のセルをクリックします❶。「行の追加」をクリックします❷。

Check!

列を追加する場合は「列の追加」をクリックします。

1行追加されます❶。同じように必要な行を追加し、セルに情報を入力しましょう。

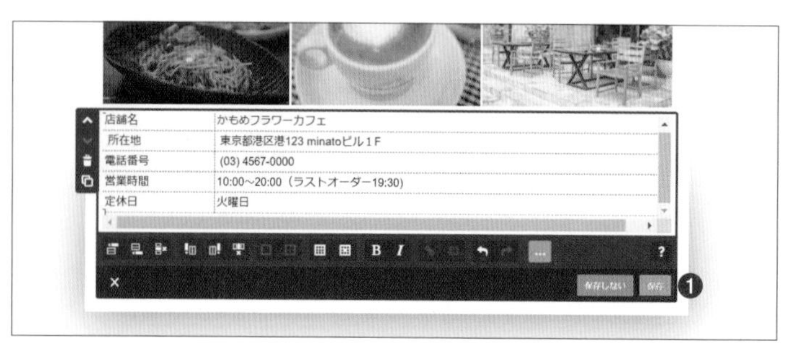

セルに入力し終えたら、「保存」ボタンをクリックして保存します❶。

表に罫線を引こう

表の初期設定では罫線が引かれていない状態です。表に罫線を引いていきましょう。

表の編集画面を表示して、全てのセルを範囲選択します❶。「セルのプロパティ」をクリックします❷。

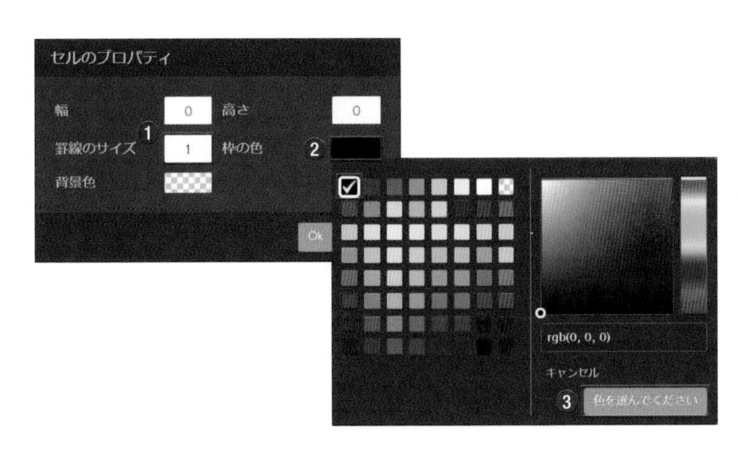

セルのプロパティが表示されます。「罫線のサイズ」に数字を入力します❶。「枠の色」をクリックし、カラーパレットから線の色を選択します❷。色が選択できたら「色を選んでください」をクリックします❸。

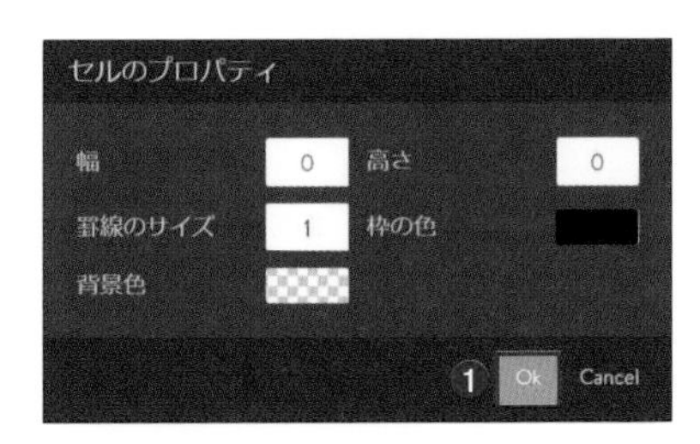

罫線のサイズや色が設定できたら「OK」をクリックします❶。

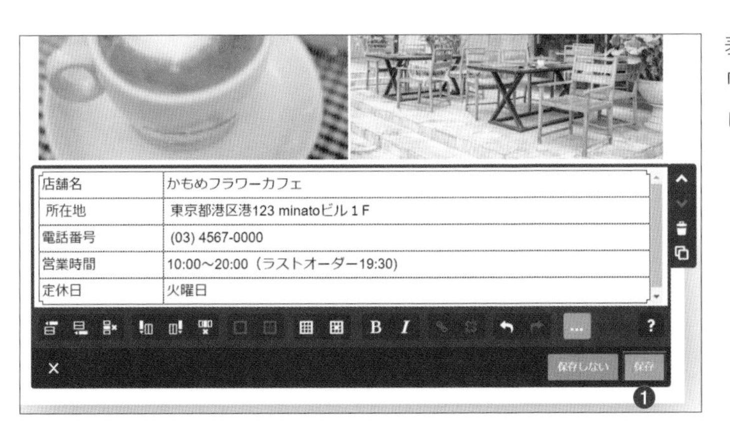

表に罫線が引かれました。「保存」ボタンをクリックして保存します❶。

罫線が引かれた表が追加されました。

Check!

表の「外側」に罫線を引く場合は「表のプロパティ」で設定します。

SECTION

06 メニュー（商品紹介）ページを作ろう

メニュー（商品紹介）ページを作成しましょう。「カラム」コンテンツを使用するとコンテンツを横に並べて表示することができます。

「カラム」とは「段組み」のことです。カラムに列を追加して、列ごとにコンテンツを追加していきます。内容ごとに横に並べることで、すっきりとまとめて表示することができます。

カラム作成例

カラムを追加しよう

ナビゲーションからカラムを追加するページ名をクリックして表示を切り替えます❶。カラムを追加する場所にマウスポインタを合わせ、表示される「コンテンツの追加」ボタンをクリックします❷。

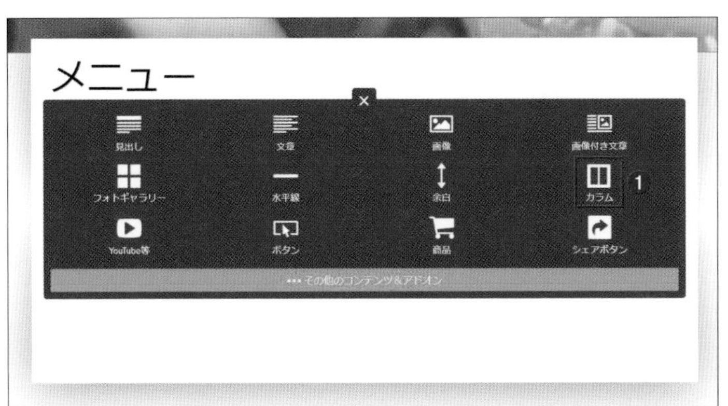

表示されたコンテンツの一覧から「カラム」をクリックします❶。

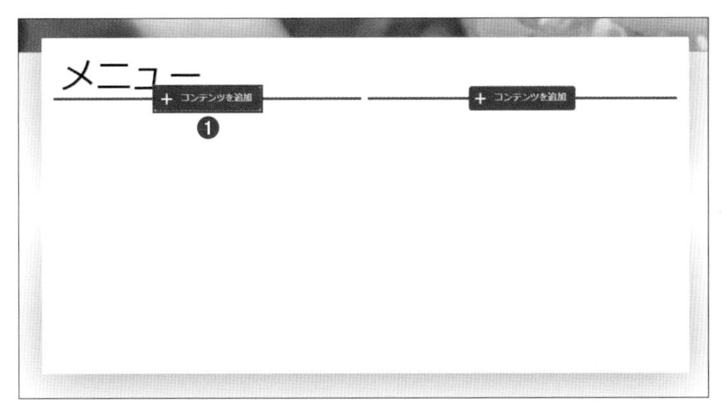

カラムが追加されました。「コンテンツを追加」が2列に並んで表示されています。
1列目の「コンテンツを追加」をクリックします❶。

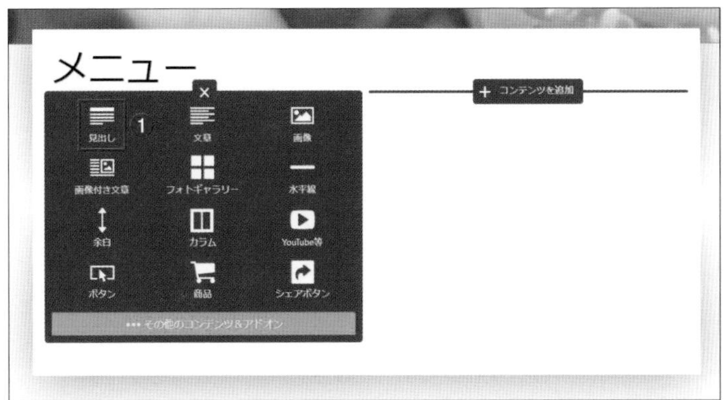

表示されたコンテンツの一覧から「見出し」をクリックします❶。

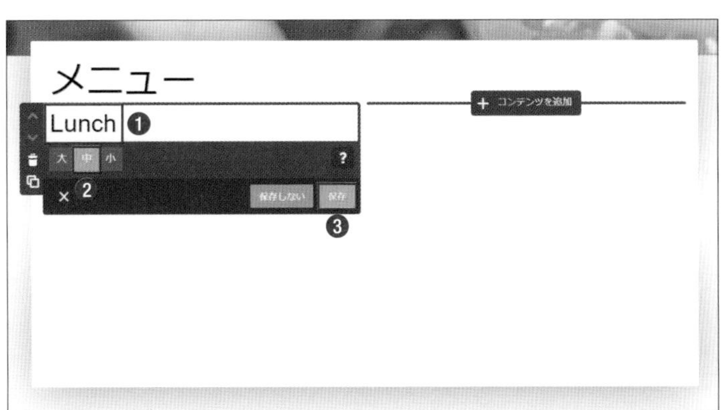

見出しを入力します❶。見出しサイズを設定します❷。
「保存」ボタンをクリックして保存します❸。

コンテンツが保存されます。同じようにカラム内に必要なコンテンツを追加していきましょう。

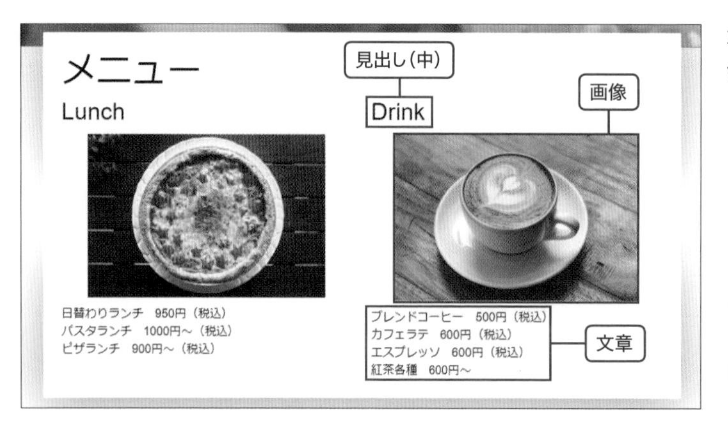

カラムの1列目と2列目にコンテンツが追加されました。

Check!

追加した画像の大きさや配置を整えましょう。

カラムに列を追加しよう

カラム内にマウスポインタを合わせ、表示される「カラムを編集」をクリックします❶。

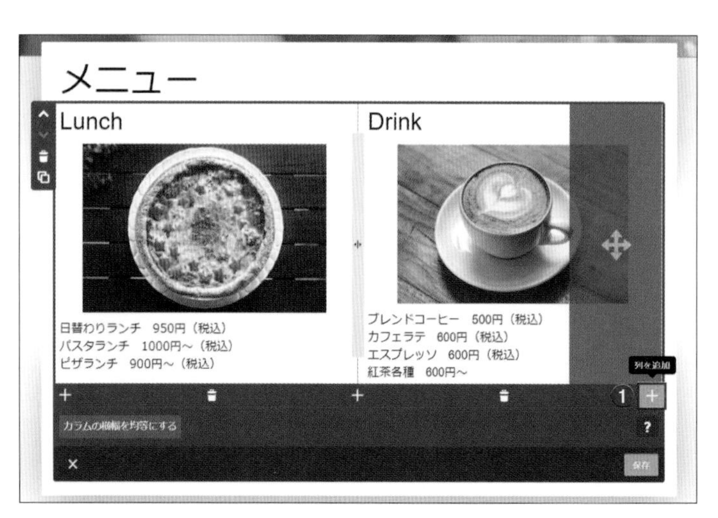

カラムの編集画面が表示されます。列を追加する場所の「＋」ボタン「列を追加」をクリックします❶。

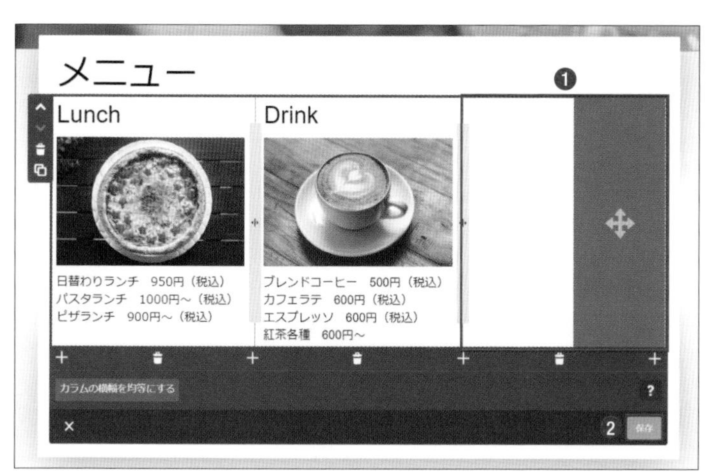

列が追加されました❶。「保存」ボタンをクリックして保存します❷。

Check!

カラムの編集画面では、コンテンツを追加することはできません。

追加された列にコンテンツを追加していきます。

Point

カラムコンテンツを削除するには？

カラム全体を削除するには、カラムの編集画面を表示し（96ページ参照）、「コンテンツを削除」をクリックして削除します（列を削除する場合は「列を削除」ボタンをクリックします）。

SECTION
07 地図の入ったアクセスページを作成しよう

お店や会社の地図や交通手段が表示されているアクセスページを作成しましょう。「Googleマップ」コンテンツでは簡単に地図を検索して表示することができます。

アクセスページに表示する内容について

アクセスページには住所や地図だけでなく、お客様にとって必要な情報も表示しておきましょう。

例：「住所」「地図」「連絡先」「交通手段」「駐車場について」etc…

Googleマップを追加しよう

アクセスページに表示を切り替えます❶。Googleマップを追加する場所にマウスポインタを合わせ、表示される「コンテンツの追加」ボタンをクリックします❷。

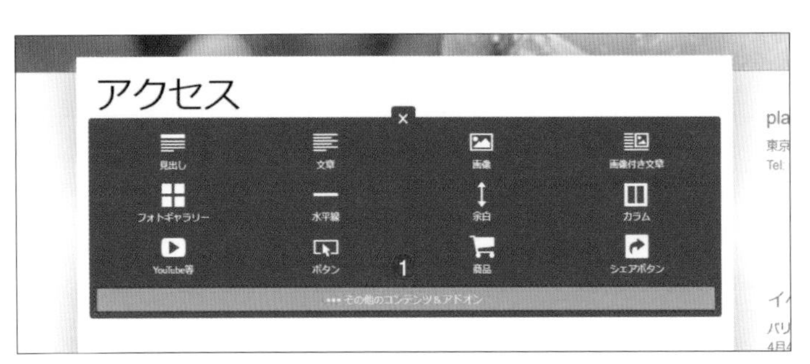

コンテンツの一覧から「その他のコンテンツ&アドオン」をクリックします❶。

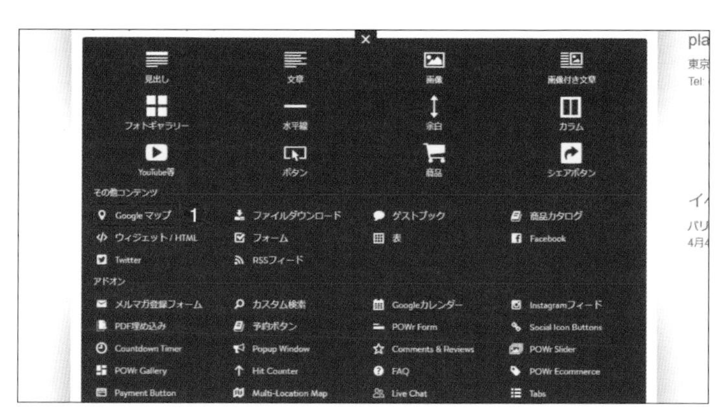

表示された、その他のコンテンツから「Googleマップ」をクリックします❶。

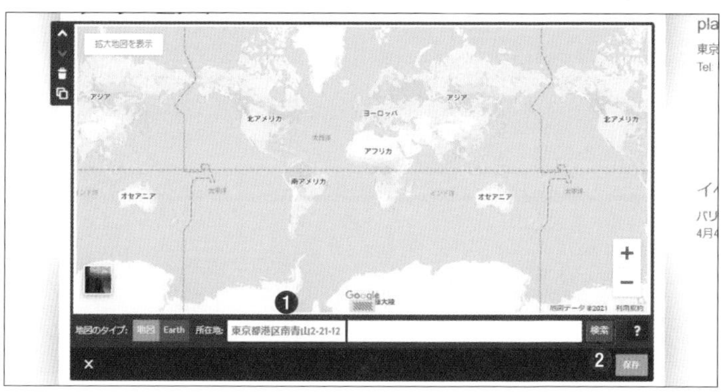

Googleマップコンテンツが表示されます。

「所在地」に住所を入力します❶。「検索」をクリックします❷。

検索した住所の地図が表示されます。

「保存」ボタンをクリックして保存します❶。

Googleマップが追加されました。

Check!

文章コンテンツに住所や交通手段など入力しておきましょう。

SECTION

08 お問合せページを作ろう

お問合せや受付用のページを作成しましょう。「フォーム」コンテンツを使うと、お客様に送信してもらうフォームを簡単に作成することができます。

お問合せページについて

お問合せページは、お客様から連絡いただくことができる大切なページです。
フォーム以外にもコンタクトをとれる連絡先を案内しておくなど、お客様がスムーズに利用できるようにしておきましょう。

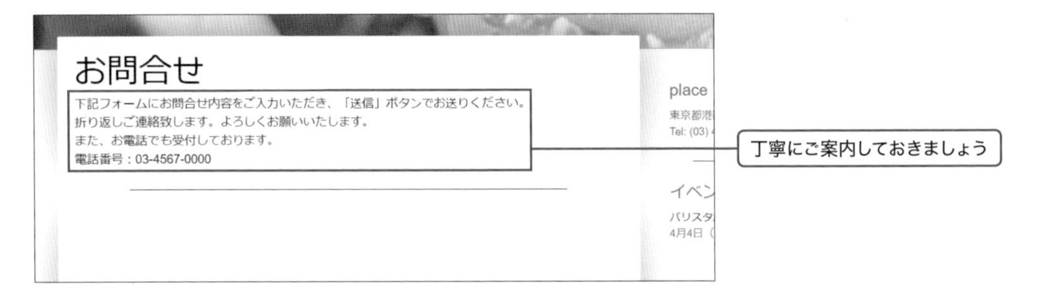

お問合せ用フォームを追加しよう

お問合せページに表示を切り替えます❶。
フォームを追加する場所にマウスポインタを合わせ、表示される「コンテンツの追加」ボタンをクリックします❷。

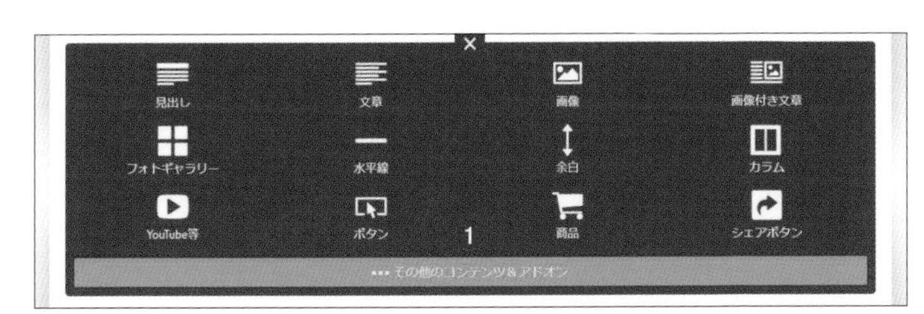

コンテンツの一覧から「その他のコンテンツ&アドオン」をクリックします❶。

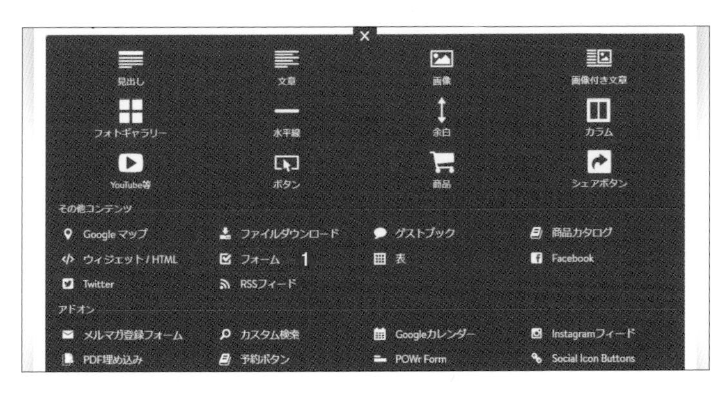

表示された、その他のコンテンツから「フォーム」をクリックします❶。

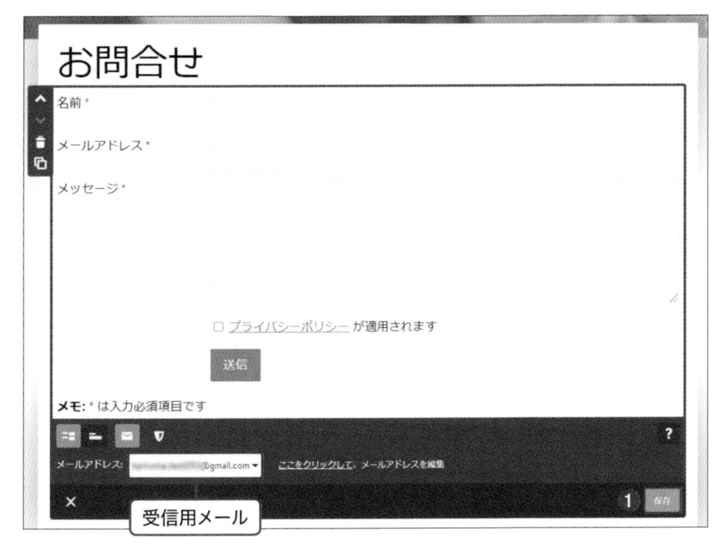

「名前」「メールアドレス」「メッセージ」が表示されているフォームが表示されます。
「保存」ボタンをクリックして保存します❶。

Check!

受信用メールアドレスはアカウント作成時に登録したメールアドレスが設定されています(変更する場合は106ページ参照)。

お問合せ
名前 *
メールアドレス *
メッセージ *
プライバシーポリシー が適用されます
送信
メモ: * は入力必須項目です

お問合せ用フォームが追加されました。

フォームの送信テストをしてみよう

プレビュー画面でフォームの送信テストを行いましょう。

「プレビュー」ボタンをクリックします❶。

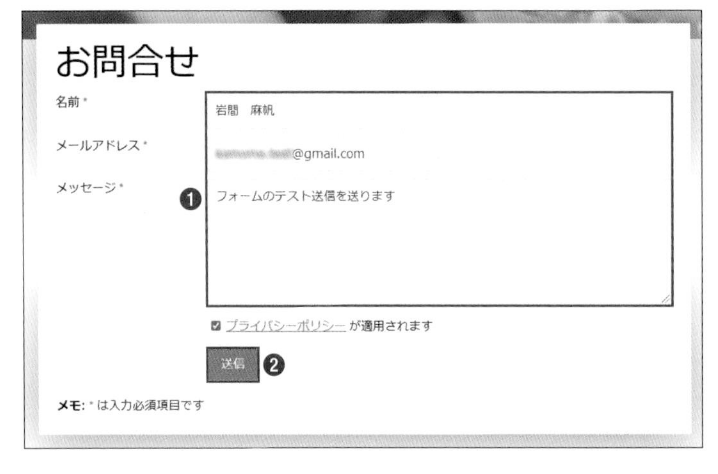

プレビュー画面が表示されます。フォームの項目に必要事項を入力します❶。「送信」ボタンをクリックします❷。

フォームが送信されました。

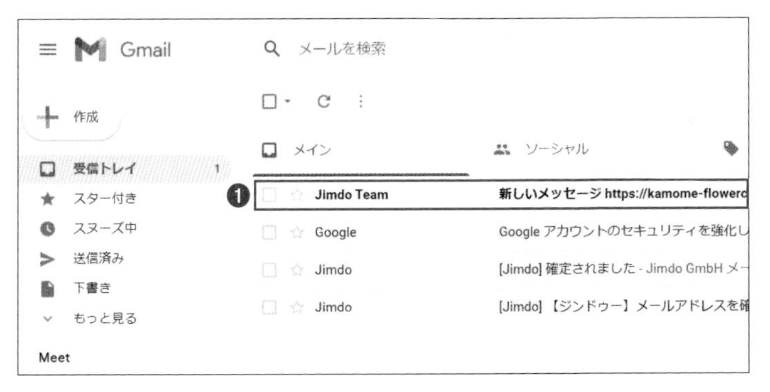

ジンドゥーでアカウント登録したメールで、「Jimdo Team」から送られてきたメールを開きます❶。

Check!

フォームの内容は「JimdoTeam」を介して送られてきます。

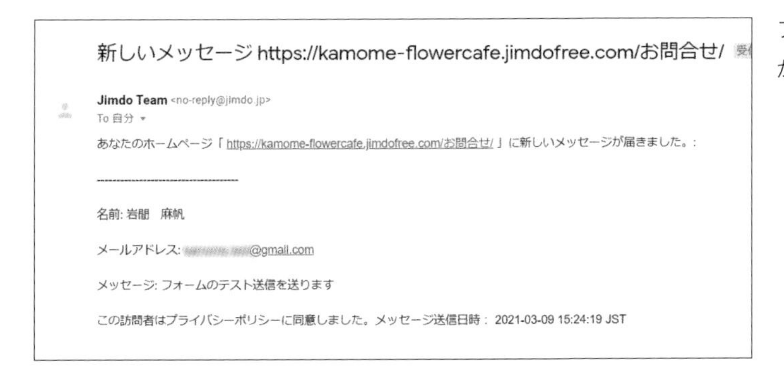

フォームに入力されたお問合せ内容が確認できます。

お問合せページを整えよう

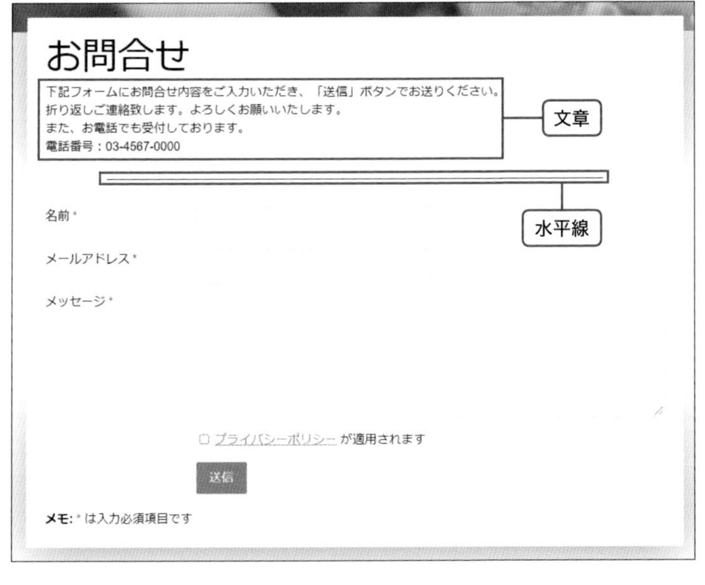

必要なコンテンツを追加してページを整えましょう。

予約フォームを作ろう

フォームの編集画面では、さまざまなフォーム用のコンテンツを使用して内容を変更することができます。

● 電話番号を追加しよう

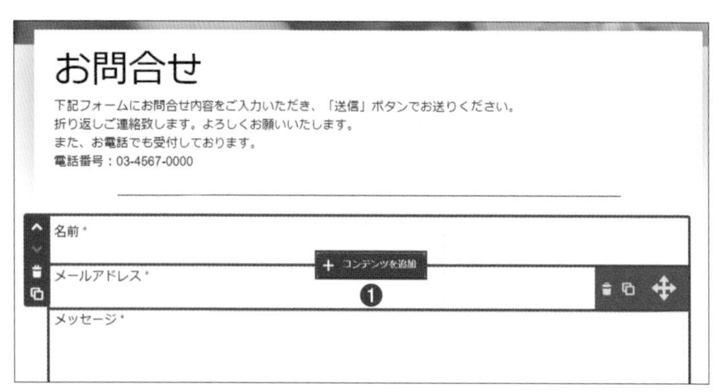

フォーム内をクリックし、編集画面を表示します。
コンテンツを追加する場所にマウスポインタを合わせ、表示される「コンテンツの追加」ボタンをクリックします❶。

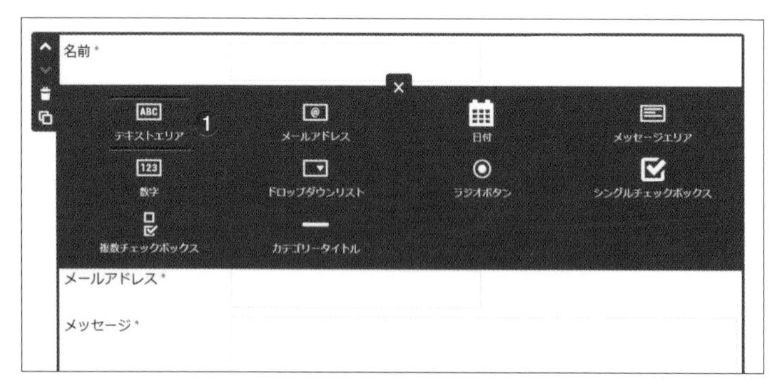

フォーム用のコンテンツ一覧が表示されます。
「テキストエリア」をクリックします❶。

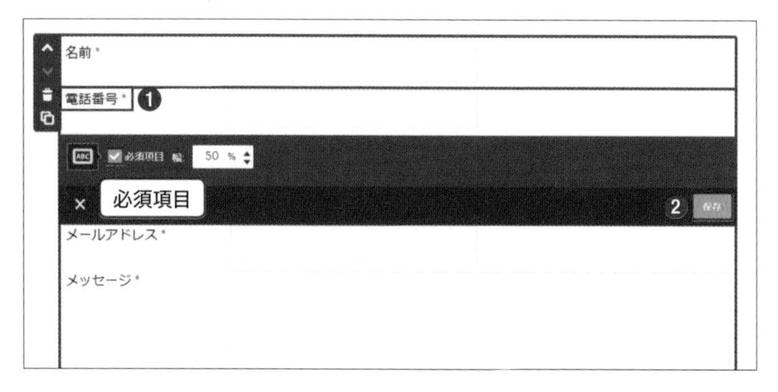

テキストが表示されました。
項目名を変更します❶。「保存」ボタンをクリックして保存します❷。

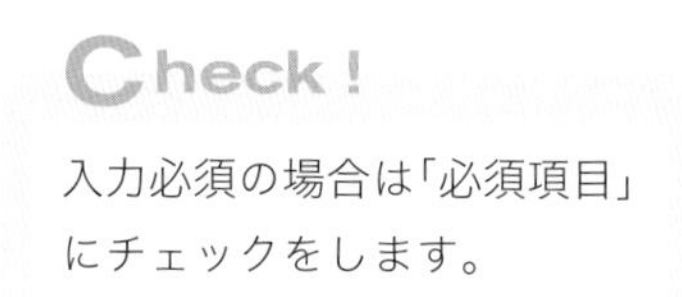

電話番号の項目が追加されました。

● ドロップダウンリストを追加しよう

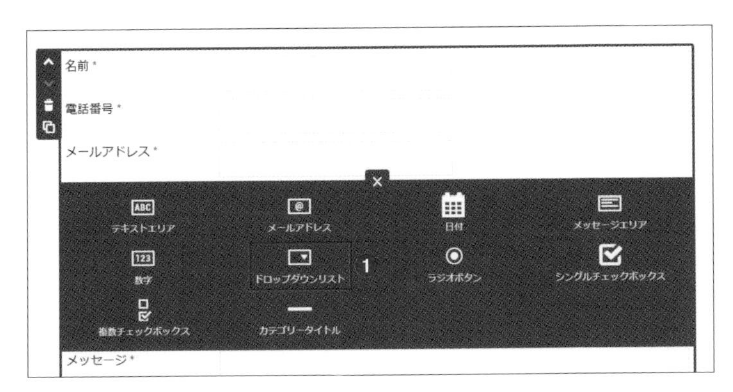

フォーム内で「コンテンツを追加」をクリックし、フォームのコンテンツ一覧を表示します。
「ドロップダウンリスト」をクリックします❶。

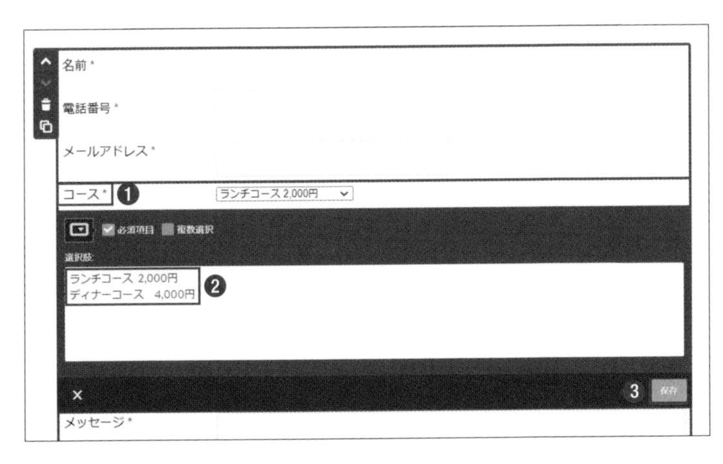

項目名を変更します❶。「選択肢」の欄にリスト表示する内容を、リストごとに改行して入力します❷。「保存」ボタンをクリックして保存します❸。

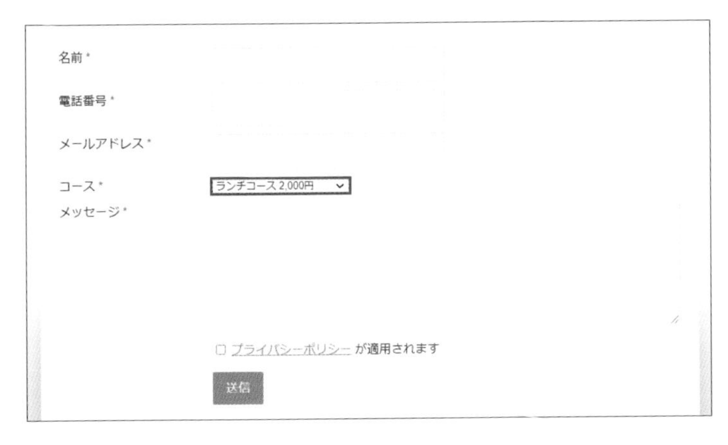

ドロップダウンリストが追加できました。

Check !

プレビュー画面で表示を確認しましょう。

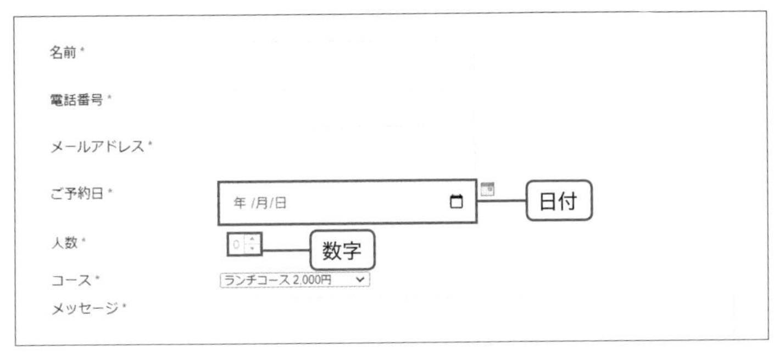

同じように、必要なコンテンツを追加して予約フォームを作成しましょう。

フォームの受信用メールアドレスを変更しよう

フォームの初期設定では、ジンドゥーでアカウント登録した際のメールアドレスがフォームの受信用メールアドレスとして設定されています。
別のメールアドレスを追加登録することで、フォームの受信用メールアドレスを変更することができます。

フォームの編集画面を表示します。画面下、メールアドレス横の「ここをクリックしてメールアドレスを編集」をクリックします❶。

ダッシュボード画面が表示されます。
「メールアドレス」をクリックします❶。追加するメールアドレスを入力します❷。「新しくメールアドレスを追加」をクリックします❸。

Check!

ジンドゥーの別のアカウントで登録しているメールアドレスは追加できません。

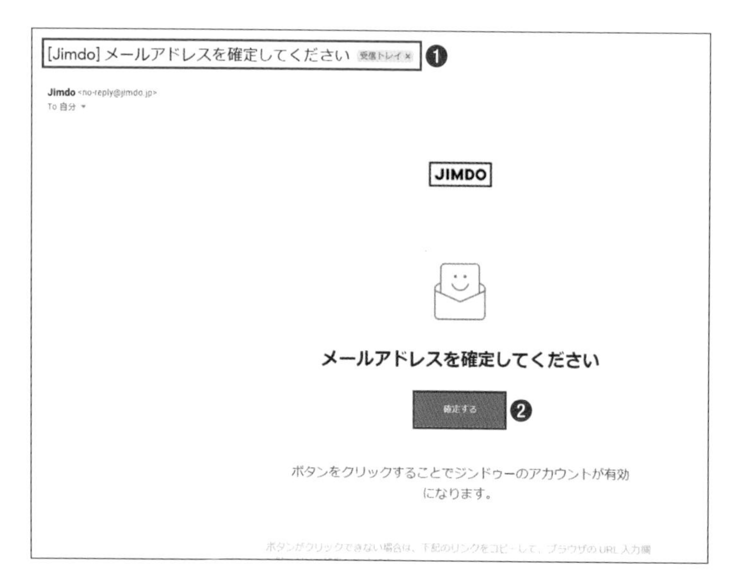

追加登録したメールアドレスを確定します。
追加登録したメールで、jimdoから受信した「メールアドレスを確定してください」メールを開きます❶。
「確定する」をクリックして確定します❷。

メールを確定すると、ジンドゥーにログインした画面が表示されます。「編集」をクリックしてホームページの編集画面を表示します❶。

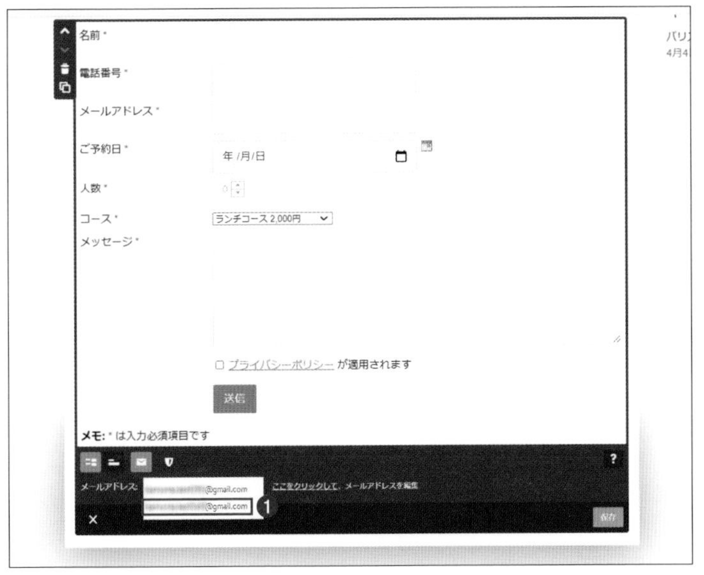

「お問合せ」ページを表示し、フォームの編集画面を表示します。
「メールアドレス」欄をクリックすると、追加したメールアドレスが表示されます。
変更するメールアドレスを選択します❶。

フォームの受信用メールアドレスが変更できました。
「保存」ボタンをクリックして保存します❶。

Check !

フォームのテスト送信をしてみましょう（102ページ参照）。

SECTION

09 トップページに他のページへのリンクを設定しよう

トップページに他のページを表示するリンクを設定しましょう。ページ内にリンクを設定することで、他のページをスムーズに表示することができます。

リンクの種類

- 内部リンク：自分のホームページの他のページを表示する
- 外部リンク：外部のサイトを表示する（132ページ参照）
- メールアドレス：メールを送信する画面を表示する
- ブログ：ジンドゥーで作成したブログの記事を表示する
- 商品：ショップで追加した商品を表示する

リンクを設定できるコンテンツ

- ボタン
- 画像
- 画像付き文章
- 文章
- フォトギャラリー

ボタンにリンクを設定しよう

多彩なメニュー

当店のバリスタが淹れる本格的なカフェメニュー。
一味違う本格的な味をお楽しみください。

野菜いっぱいのランチメニューも人気です。
日替わりメニューは数量限定です。

カフェメニューはテイクアウトもできます。

❶ ＋ コンテンツを追加

花に囲まれた癒しの空間

店内は、フラワーコーディネートについて本格的に学んだデザイナーが作り出すやさしい空間。

美味しい食事やカフェをいただきながら、たっぷりと癒された時間を過ごしませんか

ナビゲーションから「ホーム」ページをクリックして表示します。
ボタンを追加する場所にマウスポインタを合わせ、表示される「コンテンツの追加」ボタンをクリックします❶。

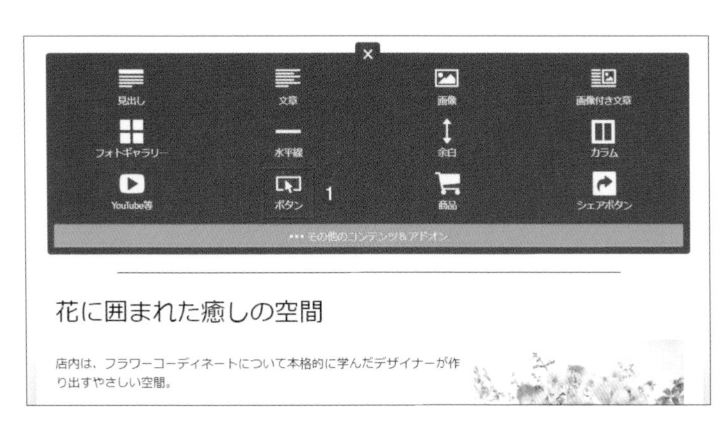

表示されたコンテンツの一覧から「ボタン」をクリックします❶。

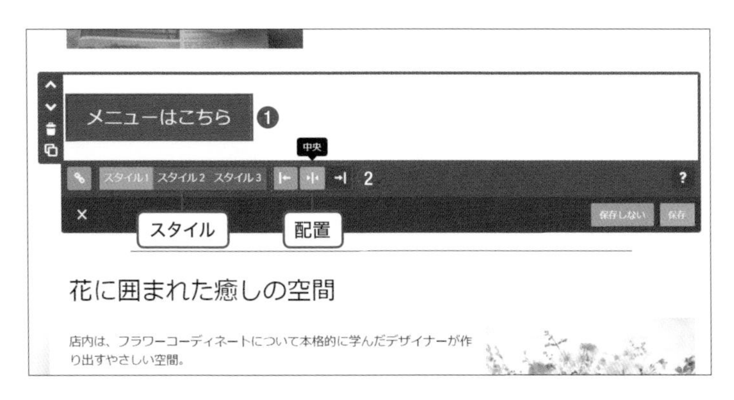

ボタンが追加されました。
ボタンの名前を入力します❶。ボタンの配置やスタイルを設定します❷。

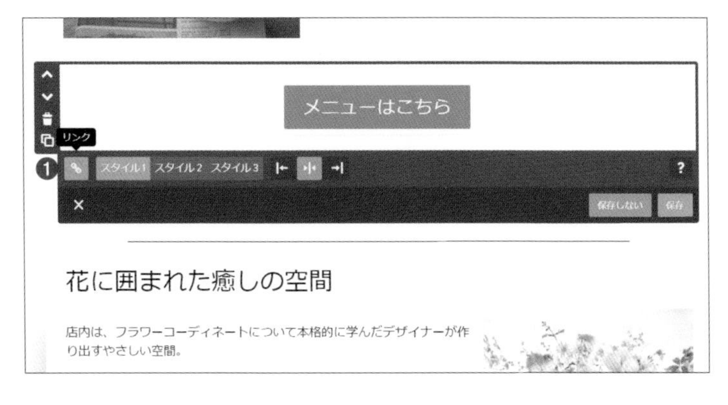

「リンク」ボタンをクリックします❶。

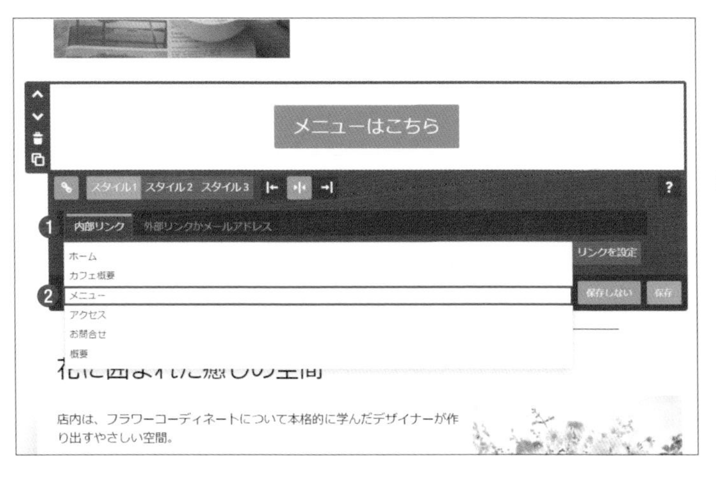

リンクの設定が表示されます。「内部リンク」が表示されているのを確認します❶。ページ欄をクリックして表示するページを選択します❷。

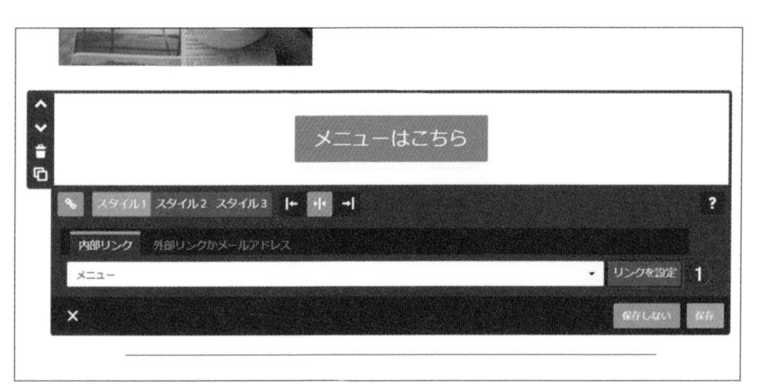

リンクの設定ができたら「リンクを設定」をクリックします❶。
ボタンにリンクが設定できました。

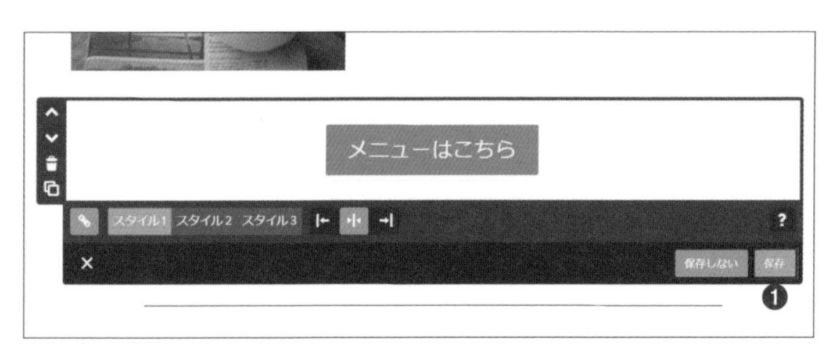

「保存」ボタンをクリックして保存します❶。

Check!

リンク先の確認方法は112ページ参照。

文章にリンクを設定しよう

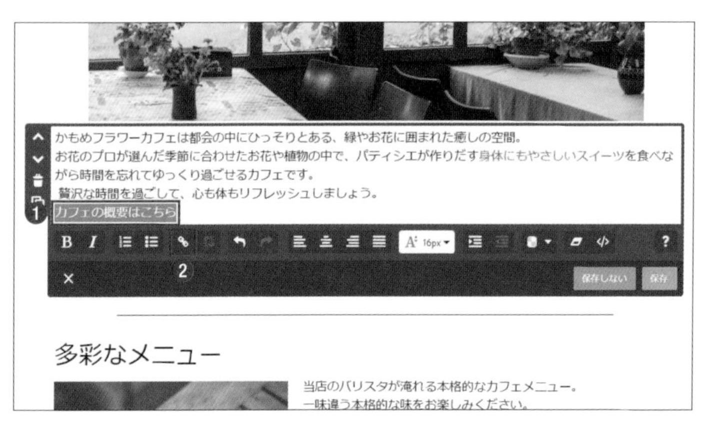

文章コンテンツからリンクを設定する文字を範囲選択します❶。「リンク」ボタンをクリックします❷。

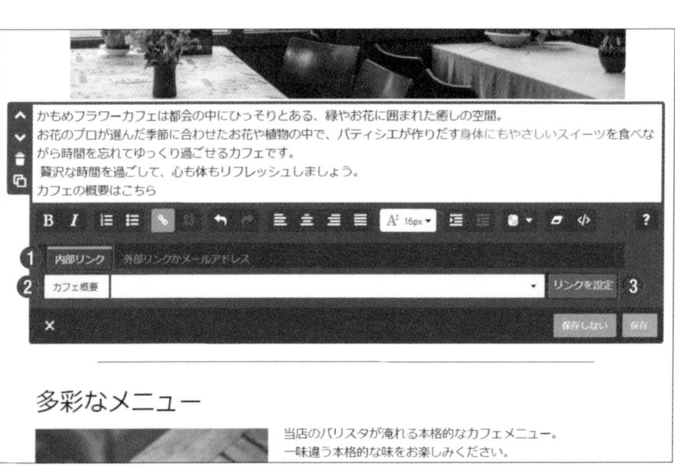

「内部リンク」が表示されているのを確認します❶。ページ欄から表示するページを選択します❷。「リンクを設定」をクリックします❸。

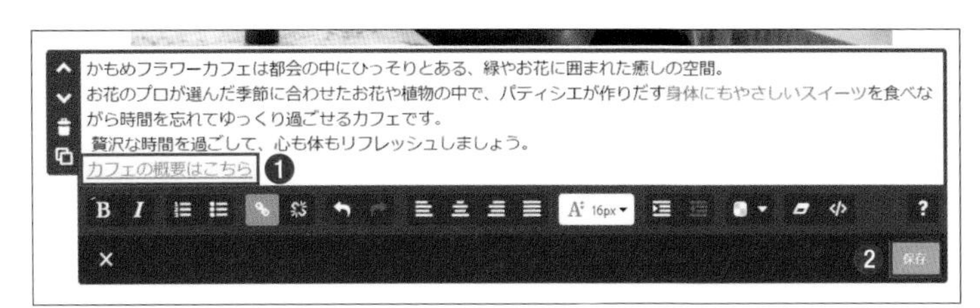

文字の範囲選択を解除し、文字にリンクが設定されたのを確認します❶。「保存」ボタンをクリックして保存します❷。

Point

リンクのスタイル変更

ボタンの色や、リンクの色を変更する場合は「スタイル」の設定で変更します(118ページ参照)。

画像にリンクを設定しよう

画像にリンクを設定することができます。リンクの設定方法はボタンや文章と同じです。ここでは画像に関する各コンテンツの「リンク」ボタンの表示方法について説明します。

●「画像」

画像コンテンツの編集画面を表示し、「画像にリンク」をクリックします❶。

●「画像付き文章」

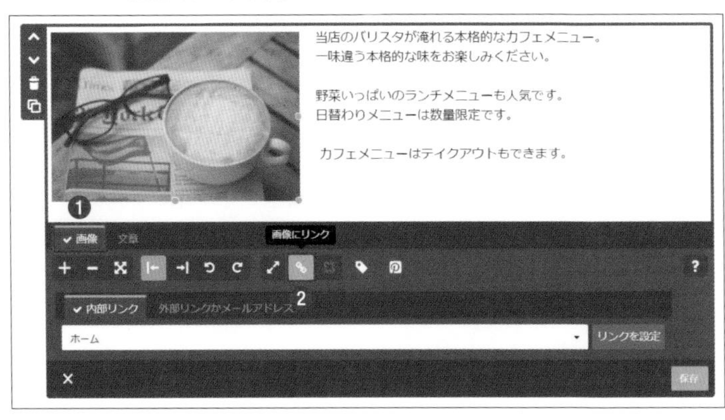

画像付き文章コンテンツの編集画面を表示し、「画像」タブをクリックします❶。表示された「画像にリンク」をクリックします❷。

●「フォトギャラリー」

フォトギャラリーコンテンツの編集画面を表示し、「リスト表示」をクリックします❶。リスト表示された画像の中からリンクを設定する画像の「画像にリンク」をクリックします❷。

Check!

画像ごとにリンクを設定することができます。

Point

リンクの表示を確認するには

設定したリンクが間違いなく表示されるか確認しましょう。確認方法は2種類あります。

●「リンク」ボタンをクリックして確認する

編集画面でリンク設定をしたコンテンツにマウスポインタを合わせると「リンク」ボタンが表示されます。そのリンクボタンをクリックして表示を確認します。

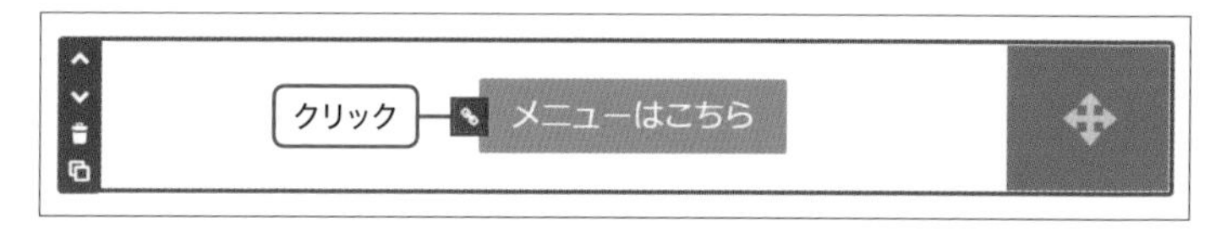

●プレビュー画面で確認する

「プレビュー」画面を表示して、実際にリンクが設定されているコンテンツをクリックして表示を確認します。

CHAPTER 4

ホームページのスタイルを整えよう

SECTION

01 ホームページのスタイルについて知ろう

各ページが作成できたら、ホームページ全体の色やバランスなど整えていきましょう。
まずは「スタイル」の設定について確認しましょう。

「スタイル」の設定について

初期設定されているホームページのタイトルや見出しの色などは、レイアウトの種類によって設定されている配色になります。
お店や会社のイメージに合わせて、ホームページの色合いを変更していきましょう。
ジンドゥーではデザインのバランスがとれたホームページになるよう、全体に関わる配色などは「スタイル」の設定画面で統一して設定していきます。

「スタイル」の設定画面を表示しよう

編集画面の左上、「管理メニュー」をクリックします❶。表示されたメニューから「デザイン」をクリックします❷。

表示されたメインメニューから「スタイル」をクリックします❶。

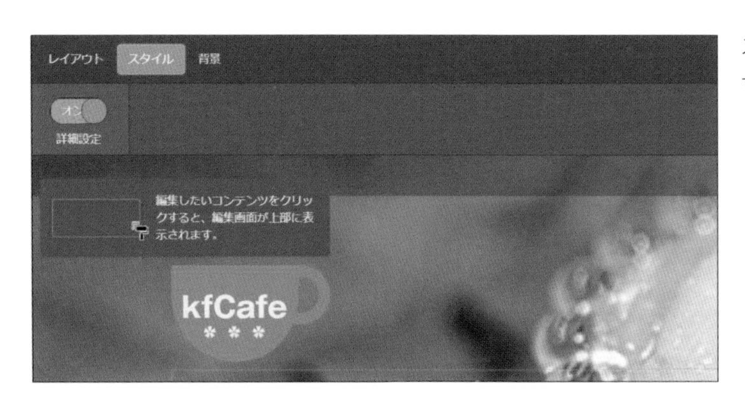

スタイルの設定画面が表示されます。

「詳細設定」の「オン」と「オフ」の違いについて

- **詳細設定が「オフ」の状態**

ホームページ全体の配色や、見出しやテキストの「フォント」を一括して設定することができます。

- **詳細設定が「オン」の状態**

コンテンツごとに個別にスタイルの設定ができます。見出しの「大」「中」「小」で色分けしたり、ナビゲーションの色を変更したり、細かい設定を行うことができます。

Point

スタイル設定の同期について

１つのコンテンツにスタイルの設定をすると、他のページに使用されている同じ種類のコンテンツも自動的に同じように設定されます。
それによって、ホームページ全体がバランスのとれた配色に設定することができます。

SECTION

02 使用するフォントを一括変更しよう

「スタイル」の設定で詳細設定を「オフ」にして、ホームページ全体で使用するフォントを一括変更しましょう。

「見出し」や「テキスト」のフォント（書体）は全体的に統一した方が、まとまりがあり見やすくなります。
まずはフォントを一括設定してから、次のセクションで個別にスタイルを設定していきましょう。
※無料版の場合、使用できる日本語フォントは「明朝」と「ゴシック」の2種類です。

フォントを一括変更しよう

114ページを参考に、スタイルの設定画面を表示します。
詳細設定が「オフ」になっているのを確認します❶。

Check!

詳細設定が「オン」の場合はクリックして「オフ」にします。

フォントの「見出し」の検索ボックスに設定するフォントを入力し検索します❶。表示されたフォントをクリックして選択します❷。

Check!

フォントの一覧から探すのが大変な場合は今回のように直接フォントの種類を入力して検索します。

見出しのフォントが変更されたのを確認します❶。

同じように、「テキスト」のフォントも変更します❶。「保存」ボタンをクリックして保存します❷。

Check！

「テキスト」とは見出し以外のコンテンツで使用する文字全般を指します。

フォントの変更がホームページ全体に一括して設定されました。

Point

有料版の日本語フォントの種類

無料版の場合、日本語のフォントは「明朝」と「ゴシック」の2種類ですが、有料版の場合、より多くのフォントの種類から設定することができます。

・PROプラン：15種類

・BUSINESS・SEO PLUS・PLATINUMプラン：176種類

SECTION

03 各パーツの色を変更しよう

スタイルの詳細設定を「オン」にして、ホームページの見出しの色やボタンの色など個別にスタイルを設定していきましょう。

スタイルの詳細設定で、ホームページの配色をお店や会社の雰囲気にあった色合いに設定していきましょう。各コンテンツのスタイルを変更すると、ホームページ内の同じ種類のコンテンツのスタイルが統一して変更されます。

スタイルの詳細設定を「オン」にしよう

114ページを参考に、スタイルの設定画面を表示します。

詳細設定が「オン」になっているか確認します❶。

Check!

詳細設定が「オフ」の場合は、クリックして「オン」にします。

スタイルを設定するコンテンツの上にマウスポインタを合わせるとポインタの形がローラーの形になります❶。

ホームページタイトルの色を変更しよう

スタイルの詳細設定が「オン」になっているのを確認します❶。ホームページタイトルにマウスポインタを合わせ、ポインタがローラーの形になったらクリックします❷。

書式の設定画面が表示されます❶。

Check!

色や配置などさまざまな書式を設定することができます。

フォントカラーをクリックします❶。表示されたカラーパレットから色を選択します❷。「選択」をクリックします❸。

ホームページタイトルの色が変更されました❶。「保存」ボタンをクリックして保存します❷。

見出しの色と配置を変更しよう

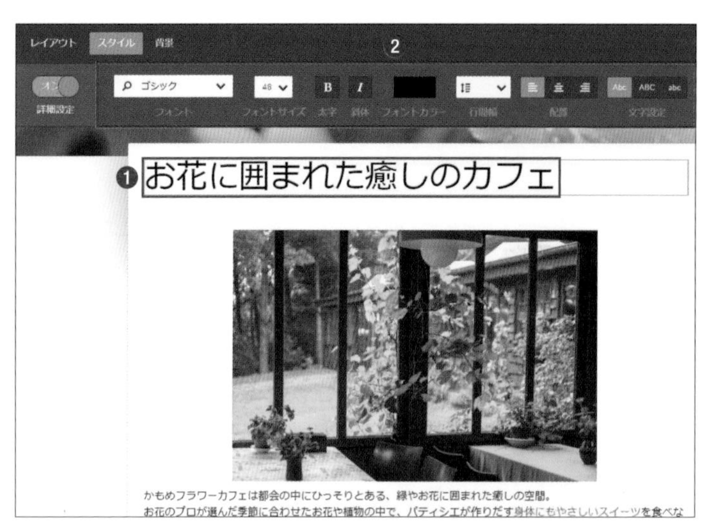

見出しにマウスポインタを合わせ、ポインタがローラーの形になったらクリックします❶。書式の設定画面が表示されます❷。

フォントカラーをクリックします❶。表示されたカラーパレットから色を選択します❷。「選択」をクリックします❸。

続いて、配置を設定します❶。見出しの色と配置が変更されました。

「保存」ボタンをクリックして保存します❷。

Check!

他のページの見出し（大）の書式も統一して変更されています。

ボタンの色を変更しよう

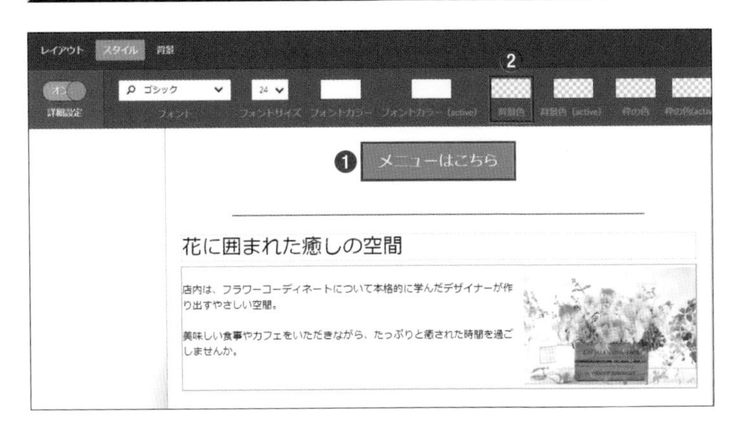

ボタンにマウスポインタを合わせ、ポインタがローラーの形になったらクリックします❶。
書式の設定画面が表示されます。「背景色」をクリックします❷。

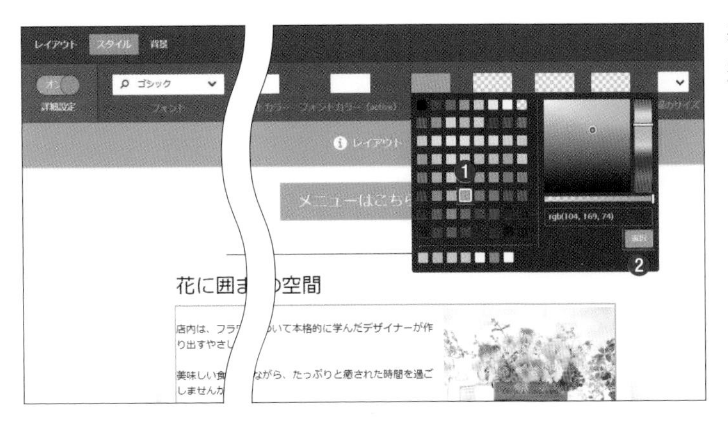

表示されたカラーパレットから色を選択します❶。「選択」をクリックします❷。

ボタンの色が変更されました❶。「保存」ボタンをクリックして保存します❷。

Check!

他のボタンの色も統一して変更しています。

Point

サイドバーのスタイル設定について

ページ内のスタイル設定はサイドバーのコンテンツには反映されません。サイドバーは別途スタイルを設定しましょう。

ナビゲーションバーの色を変更しよう

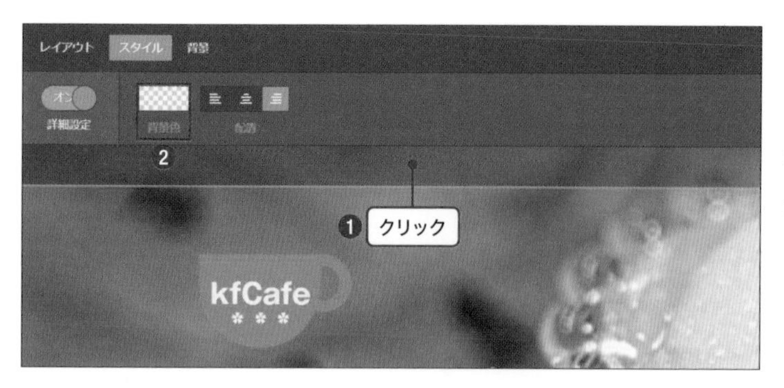

ナビゲーションのページ名以外の上でマウスポインタがローラーの形になったらクリックします❶。
書式の設定画面が表示されます。「背景色」をクリックします❷。

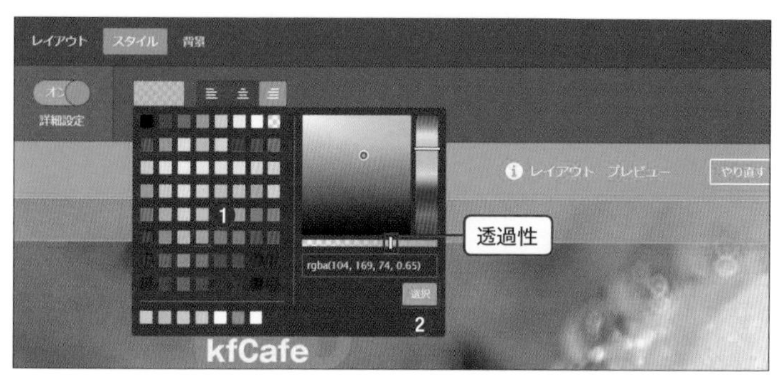

表示されたカラーパレットから色を選択します❶。
「選択」をクリックします❷。

Check!

透かし効果を設定する場合は「透過性」ボタンをスライドして設定します。

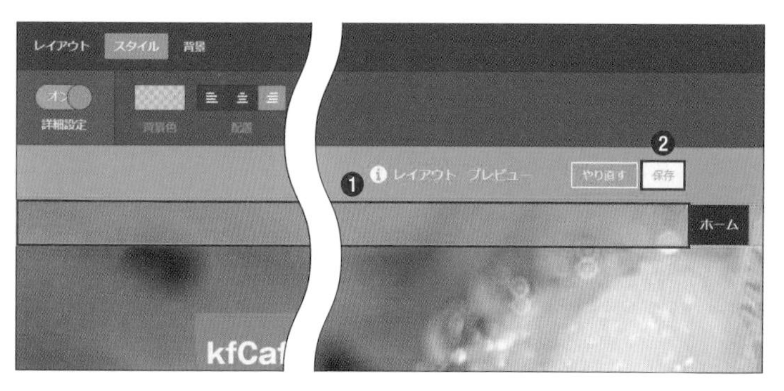

ナビゲーションバーの色が変更しました❶。「保存」ボタンをクリックして保存します❷。

表示されているページ名の背景色を変更しよう

ナビゲーションのページ名の上でマウスポインタがローラーの形になったらクリックします❶。
書式の設定画面が表示されます。
「背景色(active)」をクリックします❷。

Check!

(active)は操作が有効になった際の色の設定です。

表示されたカラーパレットから色を選択します❶。「選択」をクリックします❷。

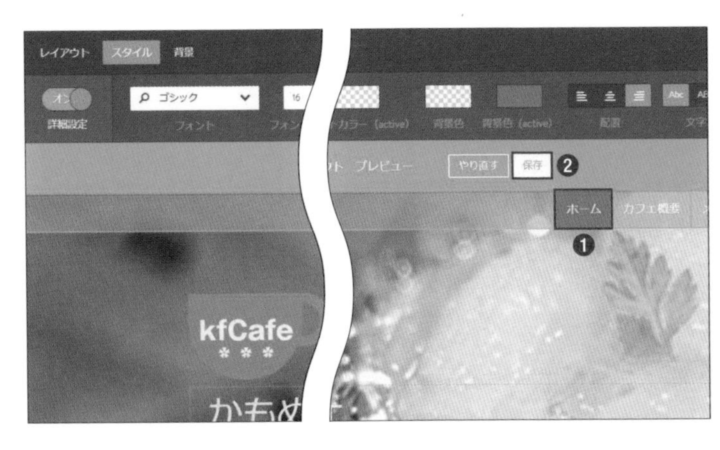

表示されているページ名のボタンの色が変更しました❶。「保存」ボタンをクリックして保存します❷。

「閉じる」ボタンをクリックしてスタイルの設定画面を閉じます❶。

Point

その他のスタイルを設定しよう

その他のコンテンツのスタイルも設定してホームページ全体の色合いを整えましょう。

SECTION

04 コンテンツの移動方法を知ろう

ホームページに追加したコンテンツの移動方法を確認しましょう。コンテンツの表示順を変更してページを整えていきましょう。

同じページ内でコンテンツを移動する方法

方法①：コンテンツの移動ボタンをクリックして移動する

方法②：十字のボタンをドラッグして移動する

クリックして移動

かもめフラワーカフェは都会の中にひっそりとある、緑やお花に囲まれた癒しの空間。
お花のプロが選んだ季節に合わせたお花や植物の中で、パティシエが作りだす身体にもやさしいスイーツを食べながら時間を忘れてゆっくり過ごせるカフェです。
贅沢な時間を過ごして、心も体もリフレッシュしましょう。
カフェの概要はこちら

ドラッグして移動

他のページにコンテンツを移動する方法

他のページにコンテンツを移動するには、「クリップボード」を使用します。

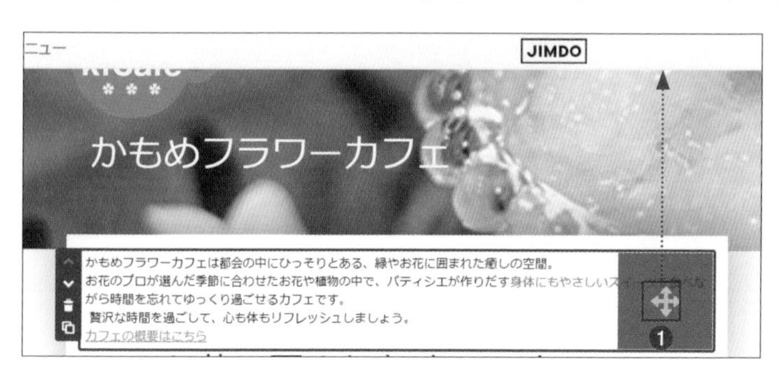

移動するコンテンツにマウスポインタを合わせ、表示された十字のボタンを画面上部までドラッグします❶。

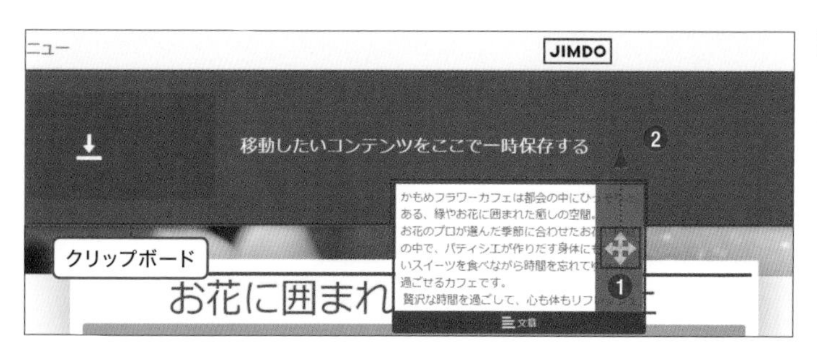

画面上部に「クリップボードが表示されます❶。クリップボードの上までドラッグし、マウスから手を離します❷。

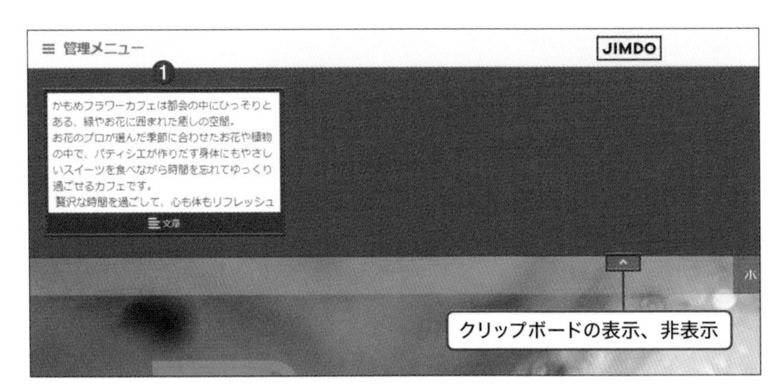

クリップボードにコンテンツが保管されました❶。

Check!

ボタンでクリップボードの開け閉めができます。

次に、コンテンツの移動先のページを表示します。
クリップボード内のコンテンツにマウスポインタを合わせ、表示される十字ボタンをページ内の移動先までドラッグします❶。

クリップボードからコンテンツが移動して表示されました。
ページ間でコンテンツの移動ができました。

Point

クリップボードについて

クリップボードにはコンテンツをいくつも収納することができます。
移動の手段の他にも、一時的に使わなくなったコンテンツの保管場所として使うのもよいでしょう。

SECTION

05 ページに階層を設定して整理しよう

ホームページのページ数が増えてきたらページに階層を設定して整理していきましょう。ページを分類ごとにまとめて設定しましょう。

ページの階層について

ホームページを作成していてページ数が増えてくると、ナビゲーションに表示されるページの一覧にまとまりがなくなり、閲覧者が目的のページを探しにくくなります。
ページを分類ごとにまとめ、階層を設定することで、ナビゲーションの表示もすっきりとし、ページも見やすくなります。

● 階層設定前

● 階層設定後

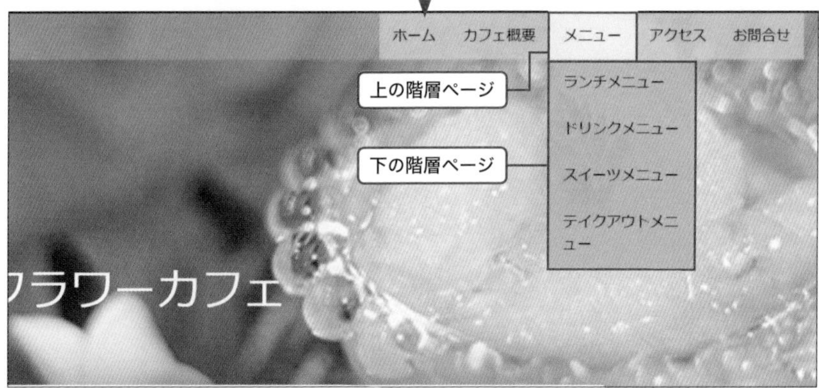

同じメニューページの分類でまとめて、階層を設定しています。ページ名をポイントすると、下の階層のページが表示されます。

ページに階層を設定しよう

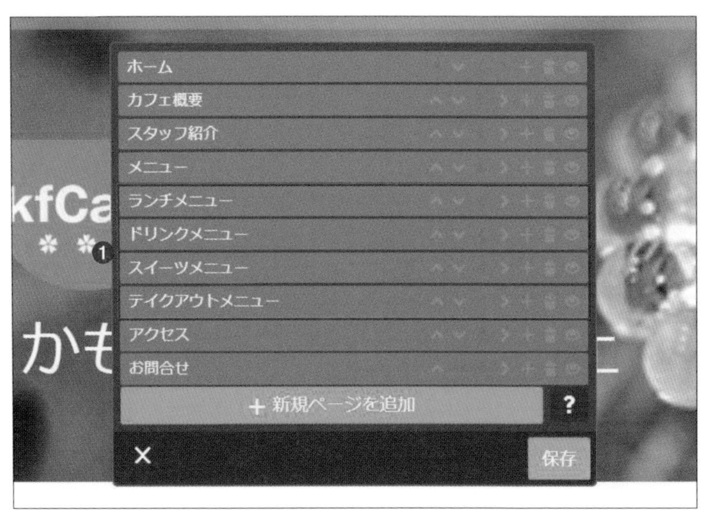

79ページを参考に、ナビゲーションの編集画面を表示します。
ページ順を変更して、下の階層に設定するページを、上の階層のページの下にまとめます❶。

Check!

ページ順の変更は81ページを参照してください。

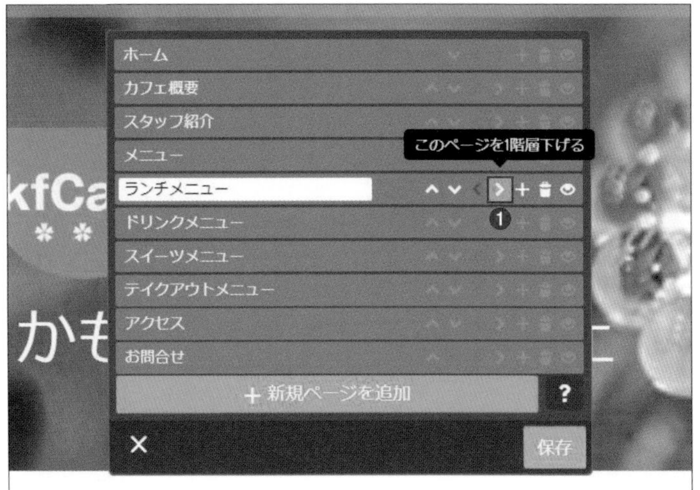

階層を設定するページ名の「このページを下げる」をクリックします❶。

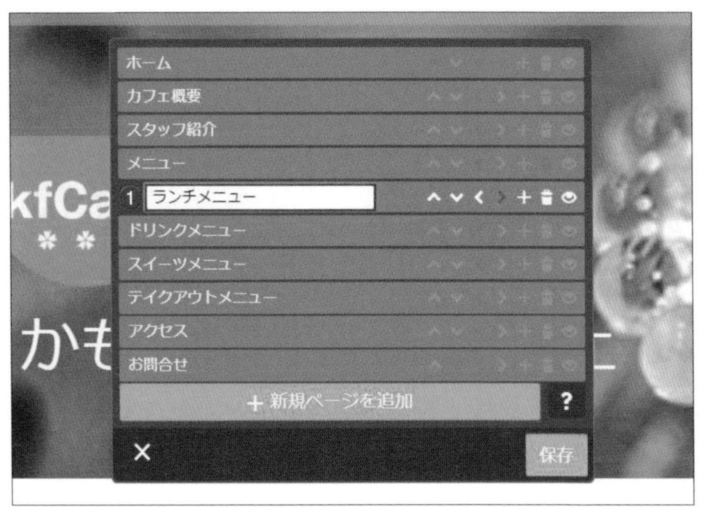

階層が下がりました❶。

同じように、ページに階層を設定します❶。「保存」ボタンをクリックして保存します❷。

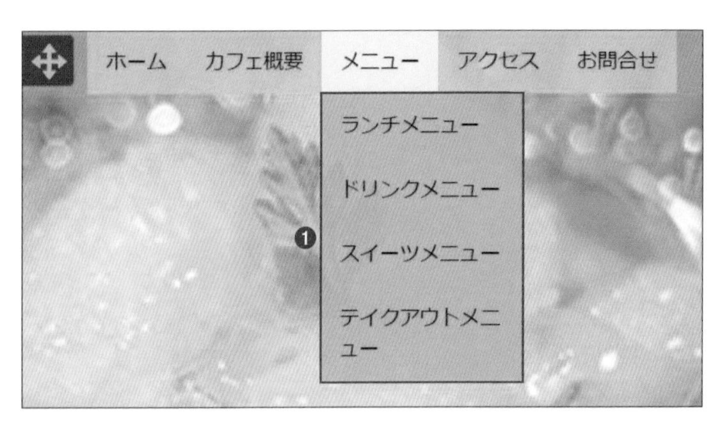

ページに階層が設定されました。ページをポイントすると下の階層のページが表示されます❶。

Point

下の階層のページを案内するリンクを設定しよう

上の階層のページに下の階層のページを表示するリンクを設定しておくと、目次の役割にもなり、ページを表示しやすくなります。
例）上の階層の「メニュー」ページにそれぞれ下の階層のメニューページへのリンクを設定してあります。

CHAPTER 5

ホームページを運営しよう

SECTION

01 定期的にホームページの更新をしよう

ホームページが作成できたら定期的に更新することを心がけましょう。更新用にお知らせなどの項目を用意しておくと便利です。

ホームページが長いこと更新されず情報が古いまま放置されていると、閲覧者にもお店が営業しているかどうか不安な印象を与えます。
新しい情報を案内する更新用のスペースを作っておくと、更新の情報をわかりやすく案内できます。
※無料版の場合、180日を超えて1度もログインがなかった場合、サービスを解約したものとみなされデータが削除されてしまいます。注意しましょう。

「新着情報」欄を作成しよう

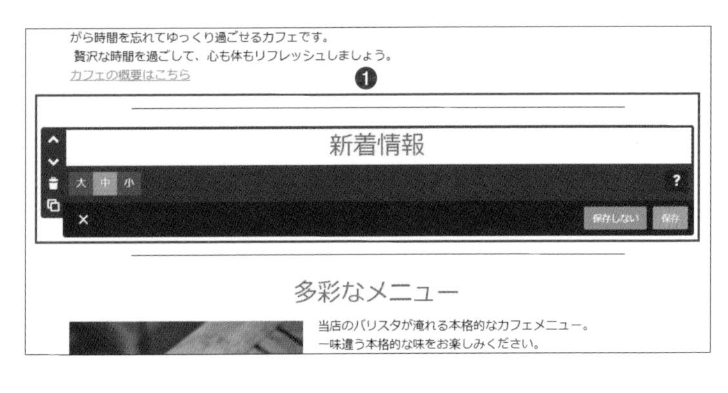

トップページを表示します。
新着情報を追加する場所に、「水平線」や「見出し」コンテンツを追加します❶。

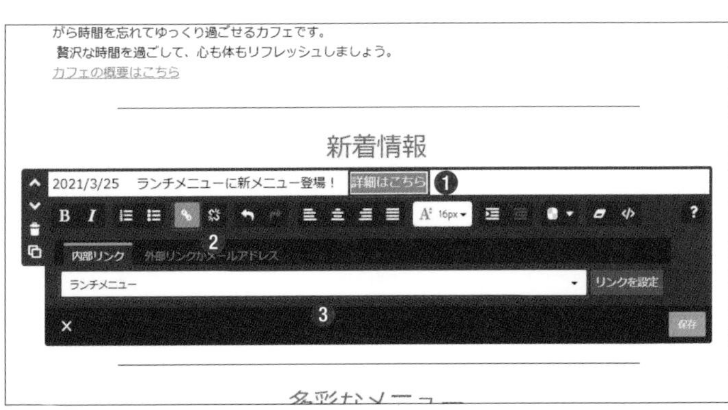

続いて、「文章」コンテンツを追加し情報内容を入力します。
リンクを設定する文字を範囲選択します❶。「リンク」ボタンをクリックします❷。リンク先を設定し保存します❸。

箇条書きを設定しよう

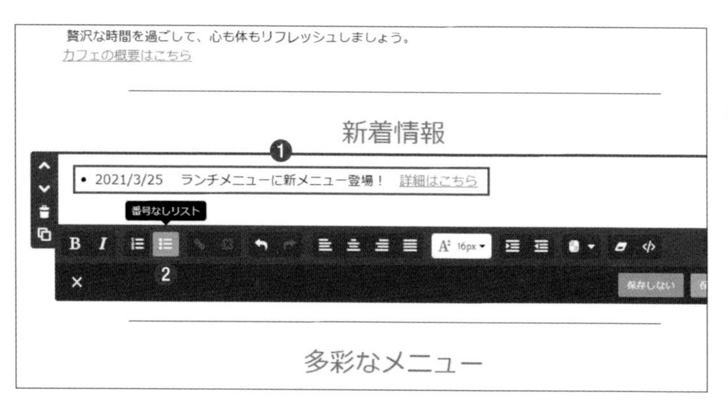

文章コンテンツの編集画面で箇条書きに設定する段落をクリックします❶。「番号なしリスト」をクリックし保存します❷。

贅沢な時間を過ごして、心も体もリフレッシュしましょう。
カフェの概要はこちら

新着情報

• 2021/3/25　ランチメニューに新メニュー登場！ 詳細はこちら ❶

多彩なメニュー

箇条書きの新着情報欄が作成できました❶。

贅沢な時間を過ごして、心も体もリフレッシュしましょう。
カフェの概要はこちら

新着情報

• 2021/4/10　期間限定！スイーツメニューの登場です　詳細はこちら
• 2021/4/1　　閉店時間の変更のお知らせ　詳細はこちら
• 2021/3/25　ランチメニューに新メニュー登場！　詳細はこちら

多彩なメニュー

新しい情報があれば追加して更新内容を表示しましょう。

Check !

更新日がわかるように、日付を入力しておくとよいでしょう。

Point

その他の新着情報の表示方法

新着情報欄には特に決まった形はありません。ホームページの雰囲気によってさまざまな形で表示しましょう。「画像付き文章」で画像と文章を並べるのもよいでしょう。

お知らせ

2021/3/1
ランチメニューに新メニューが加わりました！数量限定です。詳細はこちら

2021/2/10
期間限定！スイーツメニューが登場です。詳細はこちら

2021/2/1
2021年6月から休業日が変更になります。ご注意ください。詳細はこちら

SECTION

02 外部ページへのリンクを設定しよう

ホームページに外部サイトを表示するリンクを設定しましょう。リンクの設定で「外部リンク」から設定します。

「外部リンク」では、リンク先のアドレスを入力することで外部のホームページを表示することができます。自分のホームページ以外のページと繋がることでより広がりのあるホームページとして運営することができます。

外部リンクを設定しよう

今回は「ボタン」に外部リンクを設定します。その他のコンテンツにも同じように外部リンクを設定することができます。

リンクを設定する外部サイトのアドレスをコピーしておきます❶。

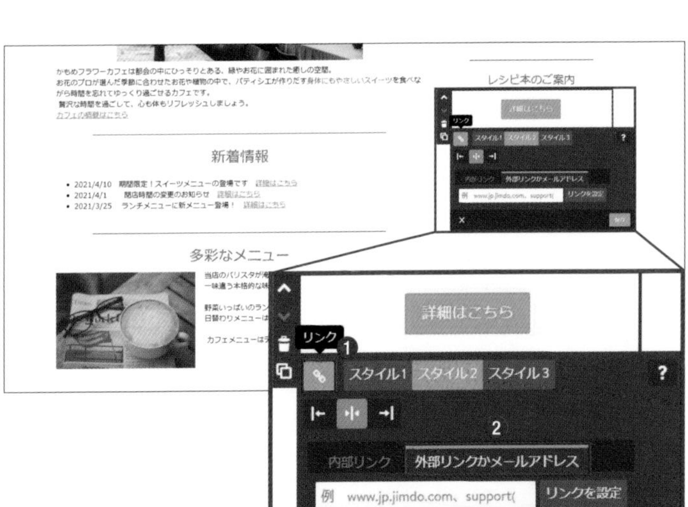

ホームページの編集画面で、「ボタン」を追加し編集画面を表示します(ボタンの追加方法は109ページ参照)。

「リンク」をクリックします❶。「外部リンクかメールアドレス」をクリックします❷。

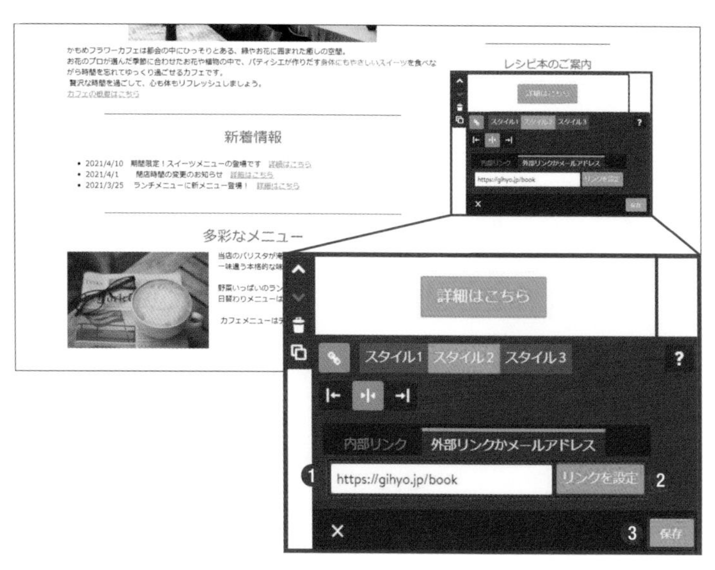

表示された空欄にコピーしたリンク先のホームページアドレスを貼り付けます❶。「リンクを設定」をクリックします❷。「保存」ボタンをクリックして保存します❸。

Check!

ボタンの名前やスタイルも設定しましょう。

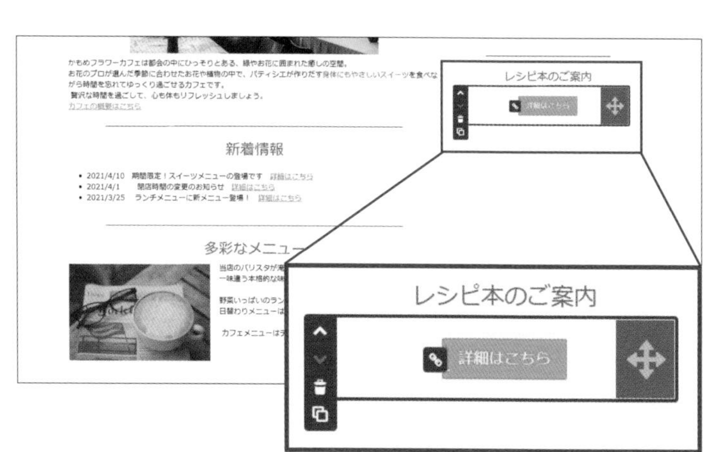

ボタンに外部リンクが設定されました。

Check!

リンクを設定したページが間違いなく表示されるか確認してみましょう（112ページ参照）。

Point

外部サイトが表示されることを表記しておこう

閲覧者が外部リンクをクリックする際、外部のサイトが表示されることが表記されていると、より安心して開くことができます。

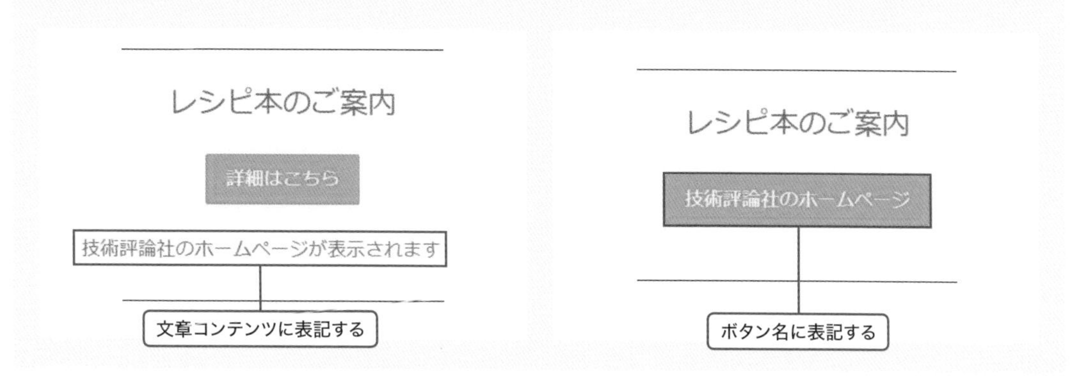

SECTION

03 さまざまなSNSと連携しよう

ホームページを作成したら、利用しているSNSと連携しましょう。連携することでSNSやホームページを宣伝することもできます。

ホームページとSNSの違い

- ホームページ

  お店や会社の基盤となる情報を表示します。
  動きが少ない安定した情報が表示されているので、お客様が知りたい基本情報をまとめて確認することができます。また、お問合せの受付窓口としても利用できます。

- SNS（フェイスブック、インスタグラム、ツイッターなど）

  更新頻度が高く、リアルタイム情報を表示します。
  リアクションやコメントを通して利用者とコミュニケーションをとることもできます。情報を拡散することで宣伝にも活用できます。

※ホームページとSNSを連携することで、告知宣伝となるリアルタイムの情報と、SNSでは表示しきれない基本的な情報を繋げることができます。

ホームページとSNSとの連携作成例

SNSと連携するためのコンテンツは、どのページにも表示されるサイドバーなどに表示しておくとよいでしょう。

❶ **Facebookページ**：「Facebook」コンテンツ使用（136ページ参照）
❷ **Twitter**：「Twitter」コンテンツ使用（138ページ参照）
❸ **Instagram**：「ボタン」コンテンツに外部リンク設定（139ページ参照）
❹ **LINE公式アカウント**：「ウィジット/HTML」コンテンツ使用（140ページ参照）

Facebook（フェイスブック）ページと連携しよう

連携するには個人のFacebookではなく、「Facebookページ」が必要なので用意しておきましょう。なお、Facebookページは、https://www.facebook.com/business/pages/set-up から作成することができます。

表示するFacebookページのアドレスをコピーしておきます❶。

ホームページの編集画面を表示します。
コンテンツを追加する場所で「コンテンツを追加」をクリックし、「その他のコンテンツ&アドオン」をクリックします❶。

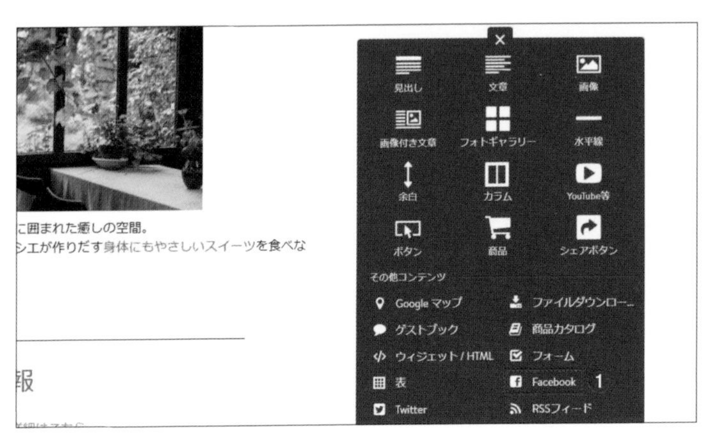

「その他のコンテンツ」から「Facebook」をクリックします❶。

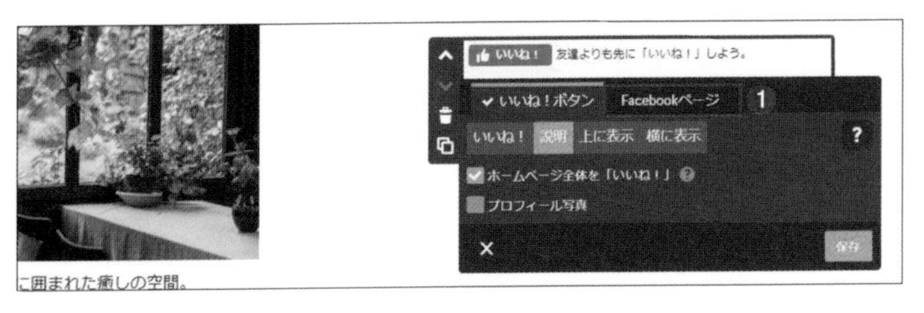

Facebookコンテンツが表示されます。「Facebookページ」タブをクリックします❶。

サンプルページが表示されます。サンプルのアドレスを削除して、コピーしておいたFacebookページのアドレスを貼り付けます❶。「ページカバー」にチェックが入っているのを確認します❷。「保存」ボタンをクリックして保存します❸。

Check!

「ストリーム」にチェックを入れると、Facebookに投稿している記事が表示されます。

Facebookのページカバーが表示されました。

Point

閲覧画面でのFacebookページの表示について

閲覧画面では、追加したFacebookページが「Facebookに接続する」というボタンで表示されています。閲覧者の方でこのボタンをクリックすると、Facebookページのカバーが表示されます。

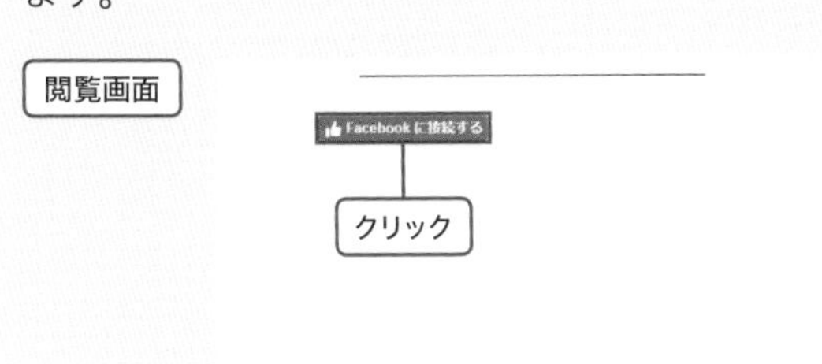

Twitter（ツイッター）と連携しよう

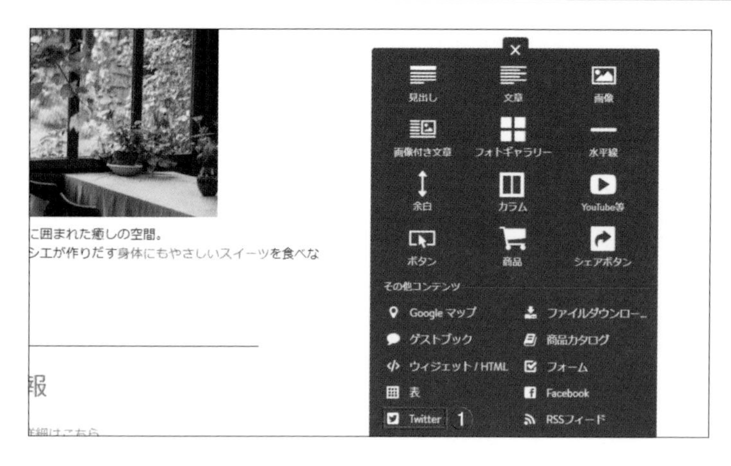

Twitterを表示する場所で「コンテンツを追加」→「その他のコンテンツ」を表示します。

「Twitter」をクリックします❶。

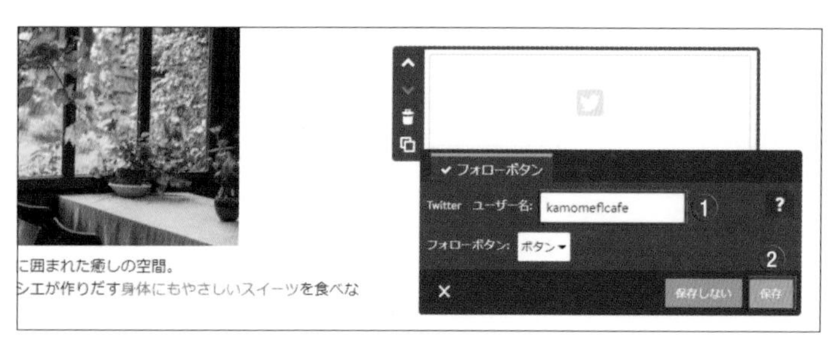

Twitterコンテンツが追加されます。Twitterのユーザー名を入力します❶。「保存」ボタンをクリックして保存します❷。

Twitterのフォローボタンが表示されました。

Point

閲覧画面での Twitter の表示について

閲覧画面では、追加したTwitterコンテンツが「Twitterに接続する」というボタンで表示されています。閲覧者の方でこのボタンをクリックすると、Twitterのフォローボタンが表示されます。

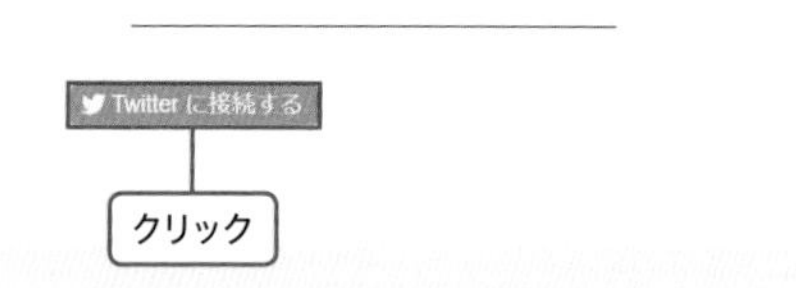

Instagram（インスタグラム）と連携しよう

ジンドゥーではコンテンツのアドオンのInstagramフィードから「POWR」という外部サイトに登録することで、インスタグラムの投稿を表示することができます。

Instagramフィードの利用方法：ジンドゥーのヘルプページ

https://help.jimdo.com/hc/ja/articles/115005534303

ただ、設定が複雑なため、今回はボタンにインスタグラムへの外部リンクを設定する方法でご紹介します。

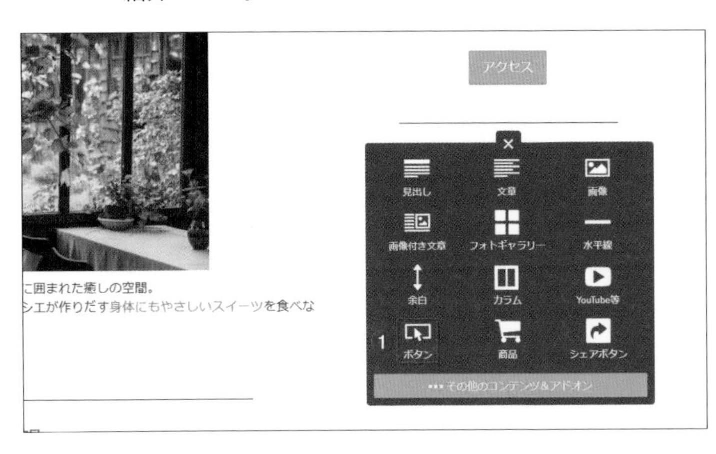

インスタグラムへのリンクを表示する場所で「コンテンツを追加」→「ボタン」をクリックします❶。

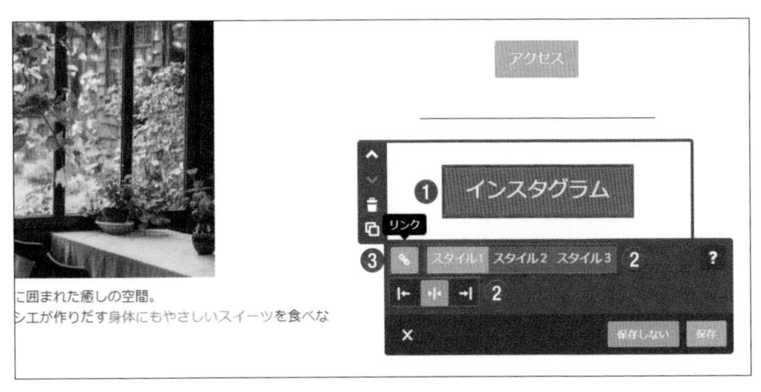

ボタンの名前を変更します❶。ボタンのスタイルや配置を設定します❷。「リンク」ボタンをクリックします❸。

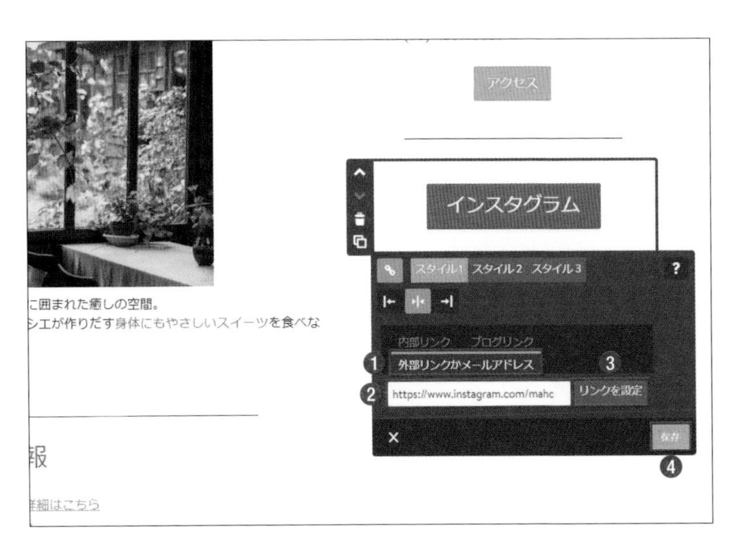

「外部リンクかメールアドレス」をクリックします❶。空欄にインスタグラムの自分のURLを入力します❷。「リンクを設定」をクリックします❸。

「保存」ボタンをクリックして保存します❹。

Check!

インスタグラムの自分のURLは「https://www.instagram.com/ユーザーネーム/」です。

ボタンにインスタグラムへのリンクを設定することができました。

Check!

ボタンの色など「スタイル」で設定しましょう（121ページ参照）。

LINE公式アカウントと連携しよう

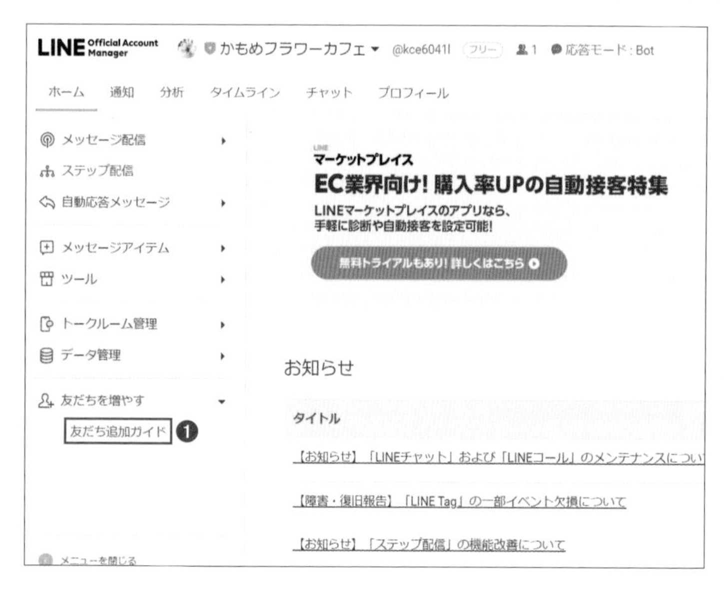

登録済のLINE公式アカウントにログインし管理画面を開きましょう。「ホーム」画面の「友だちを増やす」→「友だち追加ガイド」をクリックします❶。

「Webサイトにボタンを設置する」から「コピー」をクリックし、タグをコピーします❶。

ホームページの編集画面を表示します。

LINEの友だち追加を表示する場所で「コンテンツの追加」→「その他のコンテンツ」を表示します。

「ウィジェット/HTML」をクリックします❶。

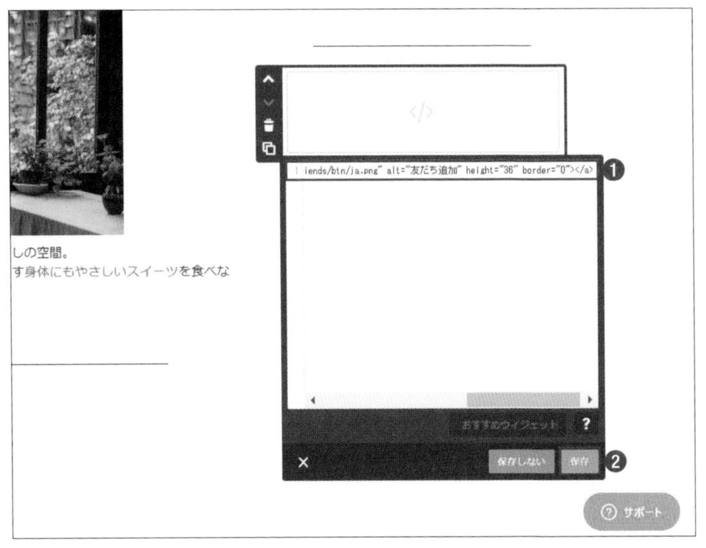

表示されたコンテンツのボックス欄に、コピーしたタグを貼り付けます❶。

「保存」ボタンをクリックして保存します❷。

LINE公式アカウントの友だち追加ボタンが表示されました。

SECTION

04 ジンドゥーで ブログをはじめよう

ジンドゥーのホームページでブログをはじめてみましょう。おすすめの情報やイベントのお知らせなどブログを通じてお知らせすることができます。

ブログとSNSの違いを確認しよう

- ブログ

 日々の出来事やおすすめ情報など、新しい情報以外にも、いつ読んでも役立つ記事など掲載していきます。分類ごとに整理することもできて、過去の記事が検索しやすいのも特徴です。

- SNS

 主に新しい情報や告知を掲載するのに利用します。掲載した情報が拡散されやすく便利です。ただし、新しい投稿が優先されるため、過去の掲載情報は流されやすく検索しにくいです。

※ブログの記事をSNSで紹介するなど、連携するとより効果的に宣伝できます。

ブログ機能を有効にしよう

ジンドゥーでブログをはじめるにはブログ機能を有効にします。

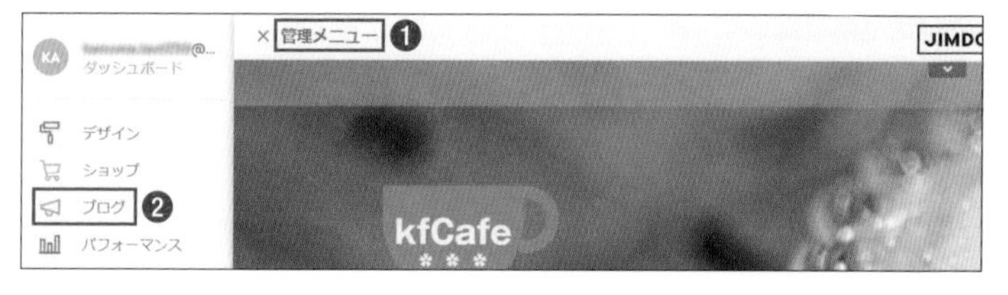

管理メニューをクリックします❶。表示されたメニューから「ブログ」をクリックします❷。

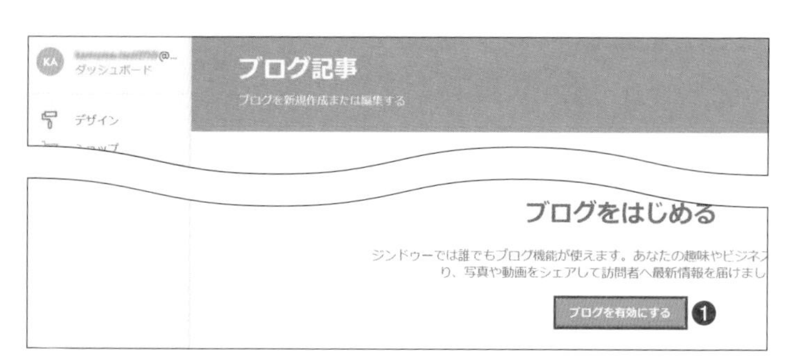

ブログの設定画面が表示されます。「ブログを有効にする」をクリックします❶。

ブログが有効になりました。

新しいブログを作成しよう

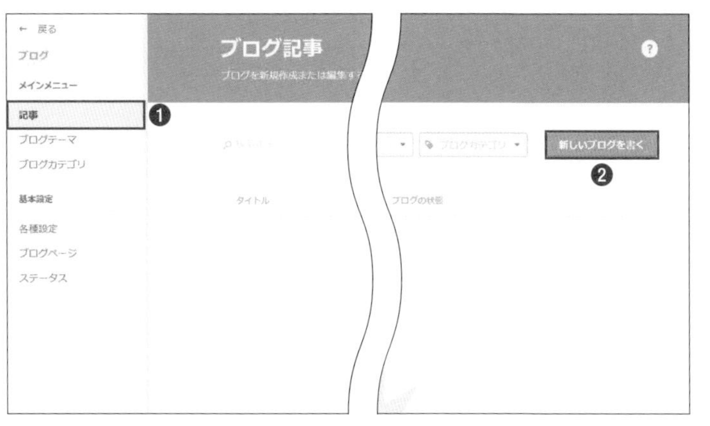

「管理メニュー」→「ブログ」をクリックします。

メインメニューから「記事」をクリックします❶。「新しいブログを書く」をクリックします❷。

ブログの新規作成画面が表示されます。

ブログの設定画面の「タイトル」欄にブログのタイトルを入力します❶。「保存」ボタンをクリックして保存します❷。ブログのタイトルが入力されました❸。

ブログに文章を追加しよう

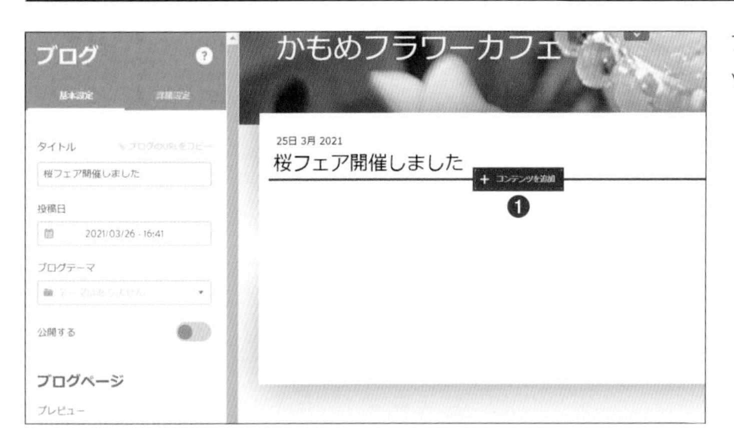

ブログのタイトルの下の「コンテンツを追加」をクリックします❶。

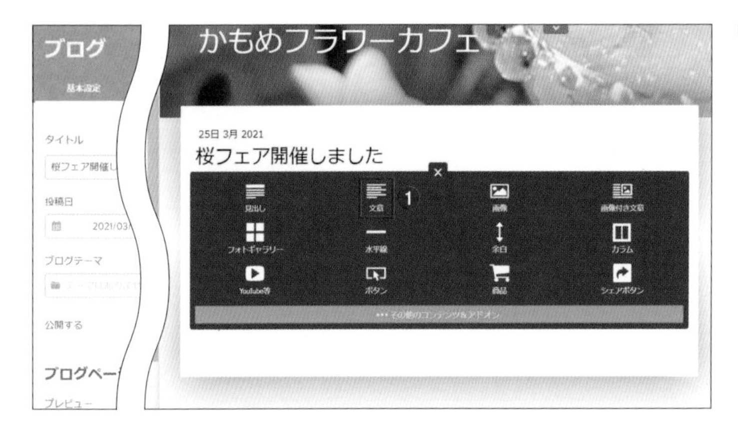

「文章」コンテンツを追加します❶。

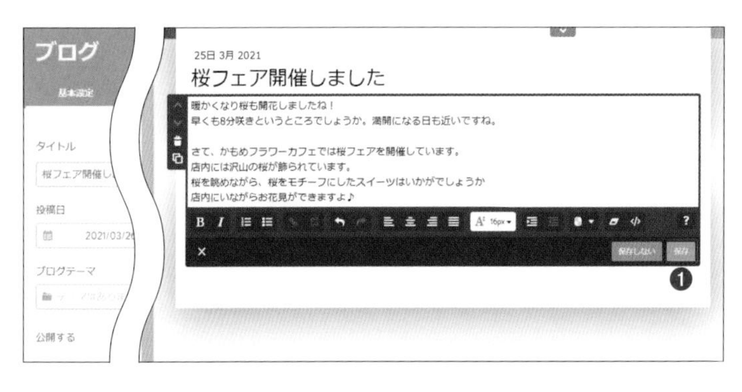

文章を入力し「保存」ボタンをクリックして保存します❶。

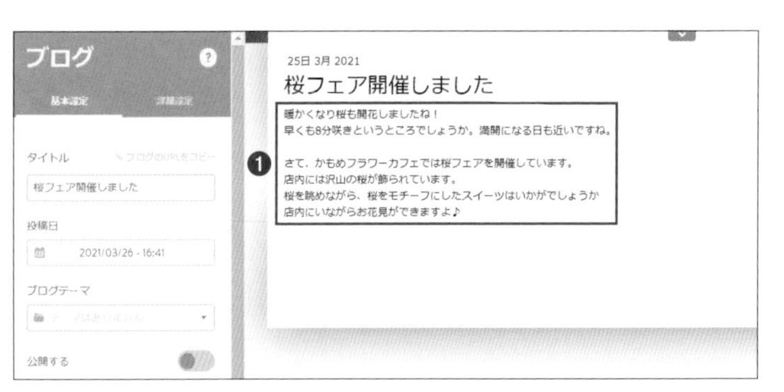

ブログの文章が入力されました❶。

ブログに画像を追加しよう

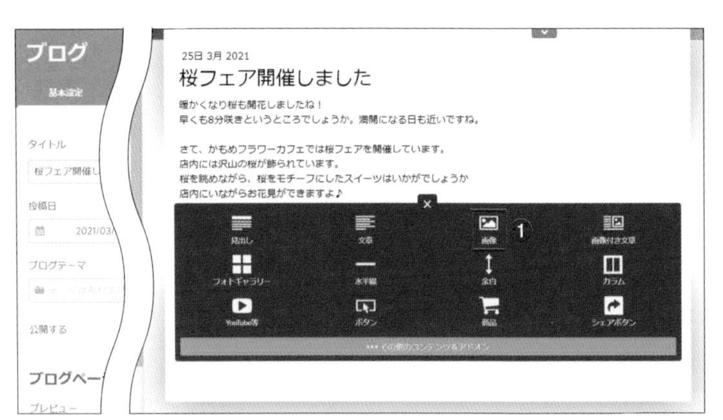

ブログの文章の下の「コンテンツを追加」から「画像」コンテンツを追加します❶(画像コンテンツの追加方法は54ページ参照)。

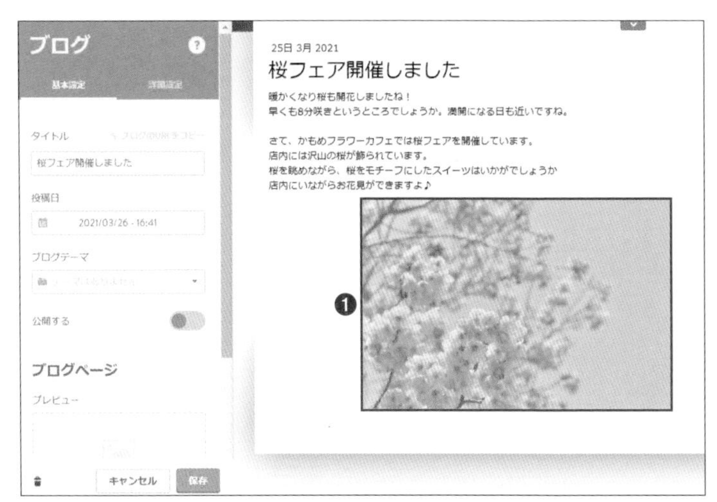

パソコンから追加する画像を選択して追加します❶。

ブログに画像が追加されました。

画像の大きさや配置を調整し保存します。

ブログが作成できました。

ブログを公開しよう

ブログは「公開する」をオンにするまでは非公開の状態です。ブログを公開しましょう。

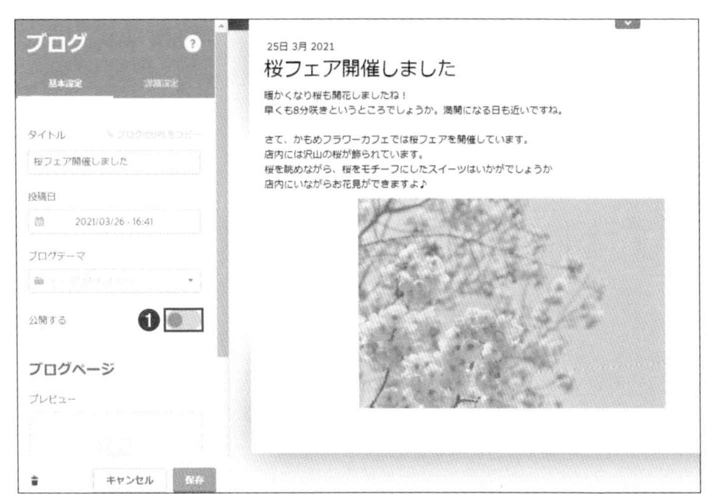

ブログの基本設定の「公開する」ボタンをクリックします❶。

Check!

143ページの「ブログ記事」一覧の「ブログの状態」からも公開、非公開を切替えられます。

「公開する」がオンになりました❶。「保存」ボタンをクリックして保存します❷。
ブログが公開されました。

Check!

基本設定の「ブログのURLをコピー」をクリックして、SNSなどにブログのリンクを貼り付けることができます。

ブログの表示内容を確認しよう

ブログが有効になると、ナビゲーションに「ブログ」ページが自動的に追加されます。
「ブログ」ページをクリックします❶。

Check!

「ナビゲーションの編集」でページ順を変更できます（81ページ参照）。

公開されているブログの一覧が表示されます。
表示したいブログの記事から「続きを読む」をクリックするとブログの内容が全て表示されます❶。

Check!

一覧ではブログの文章の一部が表示されています。

ブログにテーマを作成しよう

ブログにテーマを設定しておくと、テーマごとにブログを表示することができます。設定するテーマはあらかじめ作成しておきます。

「管理メニュー」→「ブログ」をクリックします。
メインメニューから「ブログテーマ」をクリックします❶。「新しいブログのテーマ」をクリックします❷。

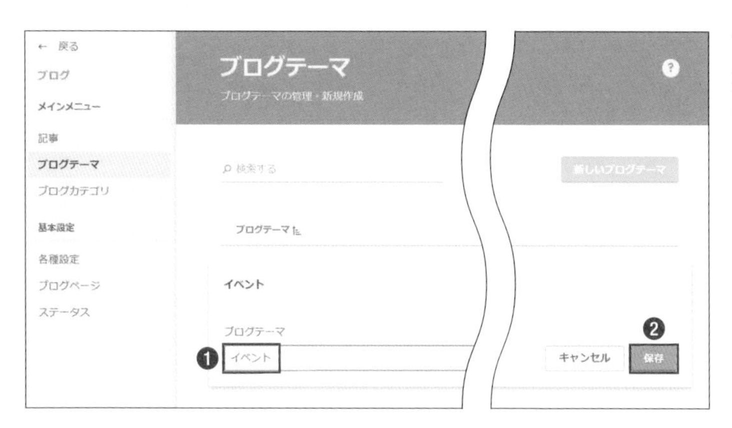

ブログのテーマを入力します❶。「保存」ボタンをクリックして保存します❷。

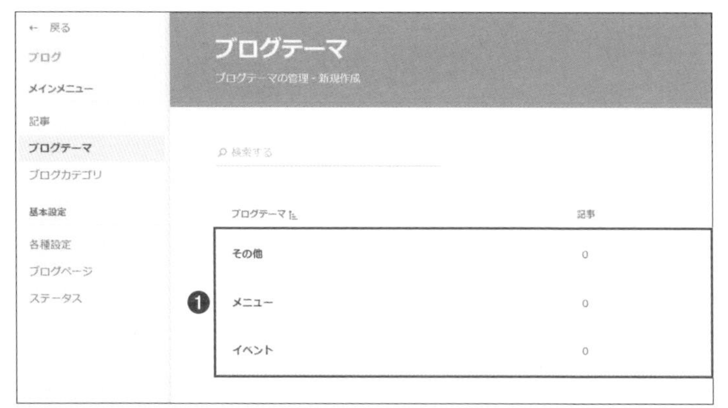

同じように、ブログのテーマをいくつか作成します❶。
管理メニューを閉じます。

ナビゲーションの「ブログ」ページに、設定したブログのテーマが下の階層として表示されます。

ブログにテーマを割り当てよう

ブログのテーマの設定は、新規作成時の他に、既に作成済のブログにも設定することができます。

● ブログの新規作成画面でテーマを割り当てる

143ページを参考に新しいブログの作成画面を表示します。「ブログのテーマ」をクリックして一覧からテーマを選択し保存します❶。

● 既に作成済のブログにテーマを割り当てる

「管理メニュー」→「ブログ」から「ブログ記事」の一覧を表示します❶。タイトルの一覧からテーマを設定するブログのタイトルをクリックします❷。

「ブログのテーマ」から設定するテーマを選択し、保存します❶。

CHAPTER 5 ホームページを運営しよう

Point

ブログのテーマごとに表示する

ブログにテーマを設定すると、ブログの記事にテーマ名が表示されます。
クリックすると、設定された同じテーマのブログがまとめて表示されます。

ブログの内容を編集しよう

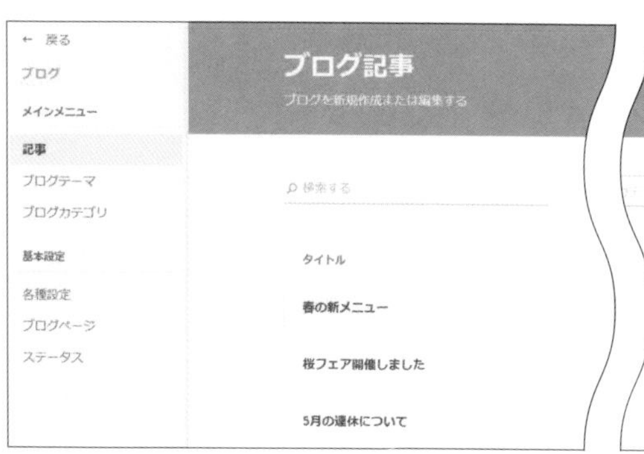

「管理メニュー」→「ブログ」から「ブログの記事」一覧を表示します。
編集するブログの「ブログの編集」をクリックし、ブログを編集します❶。

ブログを削除しよう

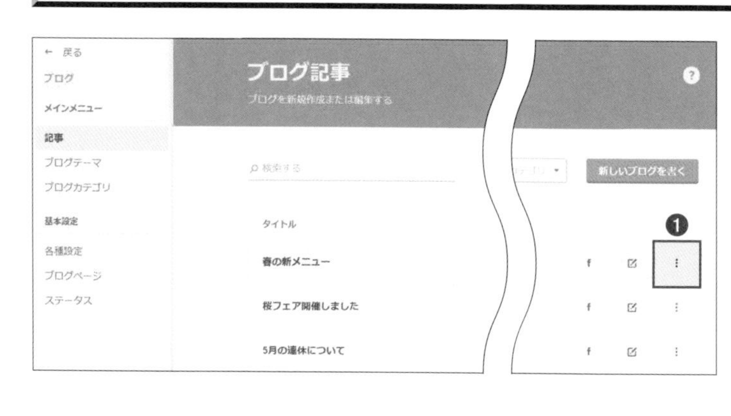

「管理メニュー」→「ブログ」から「ブログの記事」一覧を表示します。
削除するブログの「オプション」をクリックします❶。

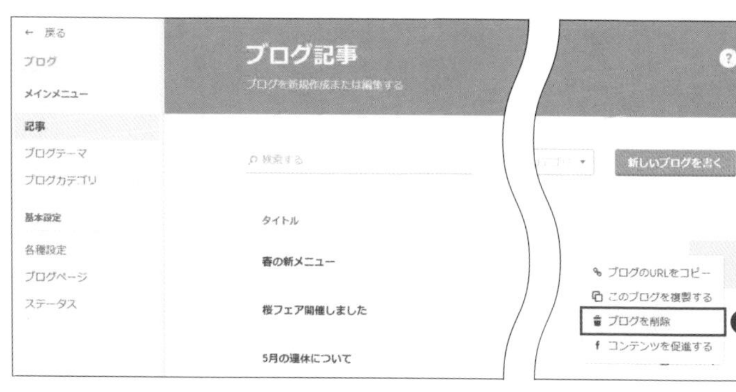

表示されたメニューから「ブログを削除」をクリックします❶。

SECTION

05 作成中のページは目隠ししておこう

作成途中のページを表示したくない場合は、一時的にページを非表示にすることができます。ナビゲーションの編集画面で設定していきます。

ページを非表示にしよう

ナビゲーションにマウスポインタを合わせ、表示された「ナビゲーションの編集」をクリックします❶。

ナビゲーションの編集画面で、非表示するページの「このページを非表示にする」をクリックします❶。

目の形のボタンに斜線が入りページが非表示になりました❶。「保存」ボタンをクリックして保存します❷。

ナビゲーションのページ名に斜線が入り、ページが非表示になりました❶。

Check!

非表示でも編集画面では編集することができます。

プレビューで確認しよう

プレビュー画面を表示します。非表示に設定したページが表示されていないのが確認できます。

Point

ページを再表示するには

ナビゲーションの編集画面で斜線が入っている「このページを非表示」ボタンをクリックして再表示します。

SECTION

06 インターネット検索してもらう準備をしよう

ホームページが作成できたら、インターネット検索してもらうための準備をしましょう。
まずは、ジンドゥー内での設定をしていきましょう。

ジンドゥーでインターネット検索の基本設定は、管理メニューの「SEO」画面で行います。SEOとは「検索エンジンの最適化」という意味です。Googleなどでインターネット検索されるホームページの検索内容の設定を行います。
なお、SEO対策も大事ですが、大切なのはホームページの内容です。検索されることを意識しすぎてSEOにこだわりすぎず、まずはホームページの見出しや本文などに伝えたいことを素直に入力し、わかりやすいホームページを作成することを心がけましょう。

ホームページタイトルを設定しよう

インターネット検索された際に表示されるホームページ全体のタイトルを設定しましょう。

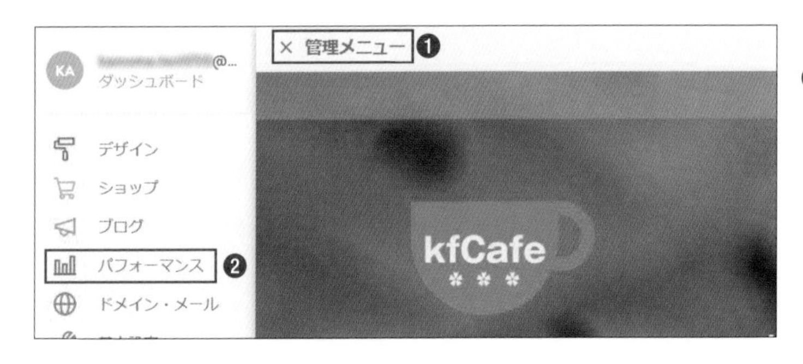

「管理メニュー」をクリックします❶。「パフォーマンス」をクリックします❷。

基本設定から「SEO」をクリックします❶。

SEO画面が表示されます。
「ホームページ」タブをクリックします❶。

ページタイトル欄にホームページ全体のタイトルを入力します❶。

初期設定では、ジンドゥーに登録した際のアドレス名が入力されています。

入力できたら「保存」ボタンをクリックして保存します❶。
ホームページ全体のタイトルが設定されました。

Check！

続いて次のページでページの概要の設定を行いましょう。

ページのタイトルと概要を設定しよう

各ページのタイトルと概要を入力しましょう。無料版ではトップページの設定ができます。

SEOの設定画面を表示します。「ホーム」タブをクリックします❶。ページタイトル欄にトップページのタイトルを入力します❷。

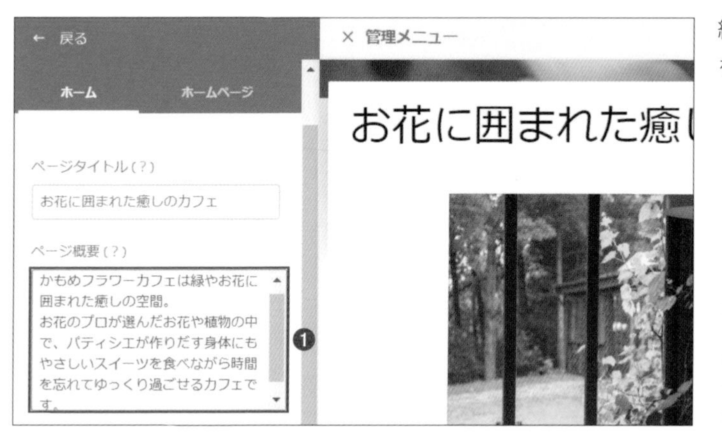

続けてページ概要欄にページの概要を入力します❶。

Check!

ホームページの概要を簡潔にまとめて入力しましょう。

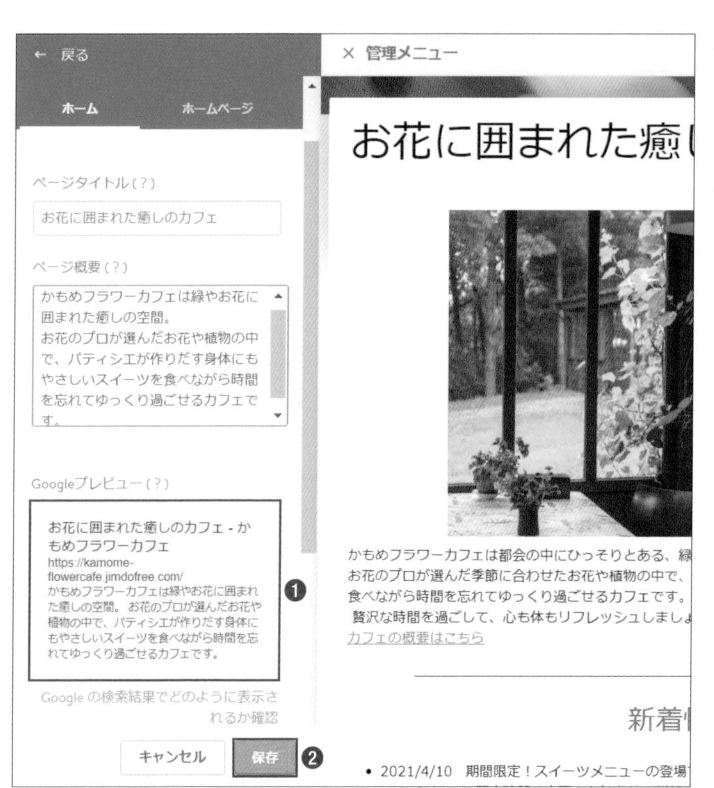

Googleプレビューでは、検索画面で実際にどのように表示されるか確認できます❶。「保存」ボタンをクリックして保存します❷。管理メニューを閉じます。

ホームページのタイトルが設定されました。
ブラウザ上のタブの表示が変更されたのも確認できます❶。

Point

有料版のSEOの設定について

無料版では各ページの概要はトップページのみの設定ですが、有料版は各ページそれぞれにタイトルと概要を設定することができます。

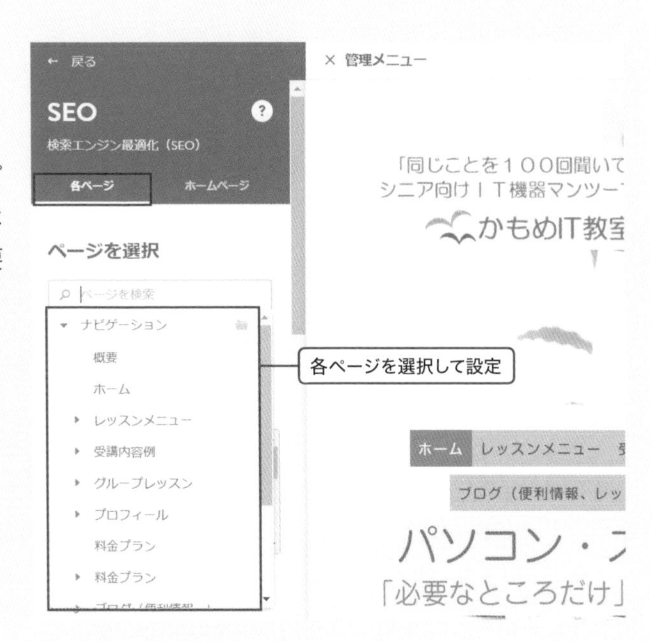

Point

Googleに表示される検索結果について

作成したホームページは、時間が経てば自動的にGoogleの検索結果に表示されますが、それには少し時間がかかります。
少しでも速く表示されるようにしたい場合は、次ページで解説している、GoogleのSearch Consoleに登録しましょう。

SECTION
07 Googleにホームページができたことを知らせよう

Googleへホームページができたことを自ら知らせるには、Google Search Console（グーグルサーチコンソール）に登録して申請します。

ホームページを作成すると時間が経てば自動的にGoogleの検索結果に表示されるようになりますが、それには少し時間がかかります。
より速く検索に反映させたい場合は、Googleが提供している「Search Console（サーチコンソール）」へホームページができたことを報告しましょう。

Google Search Consoleを利用するための準備

Google Search Consoleを利用するためには、Googleへのアカウント登録が必要となります。アカウントが無い場合は事前に登録しておきましょう。

まずはGoogleアカウントを作成します。ブラウザの検索ボックスに「https://accounts.google.com/signup」と入力し、アカウントの新規作成画面から作成していきます。

Search Console にホームページを登録しよう～所有権を確認する

この操作の前に、Googleアカウントにログインしておきましょう。

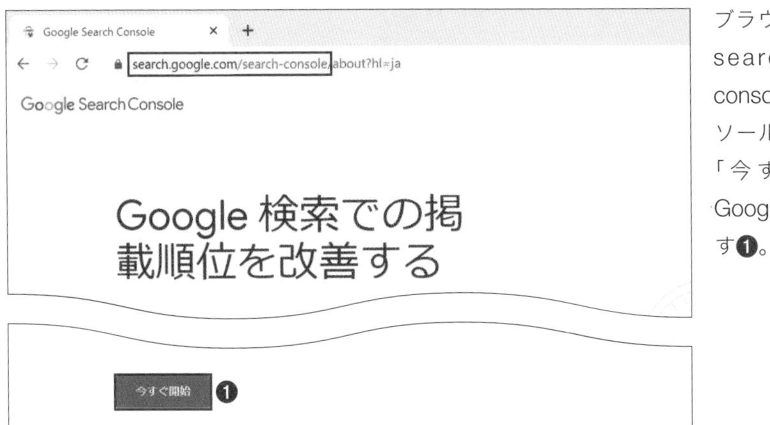

ブラウザの検索ボックスに「https://search.google.com/search-console」と入力して、サーチコンソールの画面を表示します。
「今すぐ開始」をクリックしてGoogleアカウントでログインします❶。

「Google Search Console」の画面が表示されます。
「URLプレフィックス」のURL入力欄に、自分のホームページのURL（アドレス）を入力します❶。「続行」をクリックします❷。

Check！

ホームページアドレスをコピーして貼り付けるとよいでしょう。

「所有権の確認」画面が表示されます。
「その他の確認方法」の「HTMLタグ」をクリックします❶。

表示されているタグを「コピー」をクリックしてコピーします❶。

Check!

この画面は閉じずにこのまま表示しておきます。

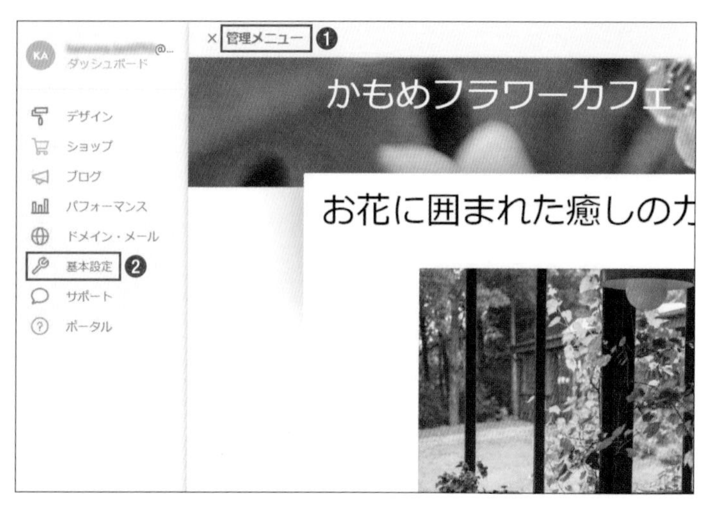

ホームページの編集画面を表示します。
「管理メニュー」をクリックします❶。
「基本設定」をクリックします❷。

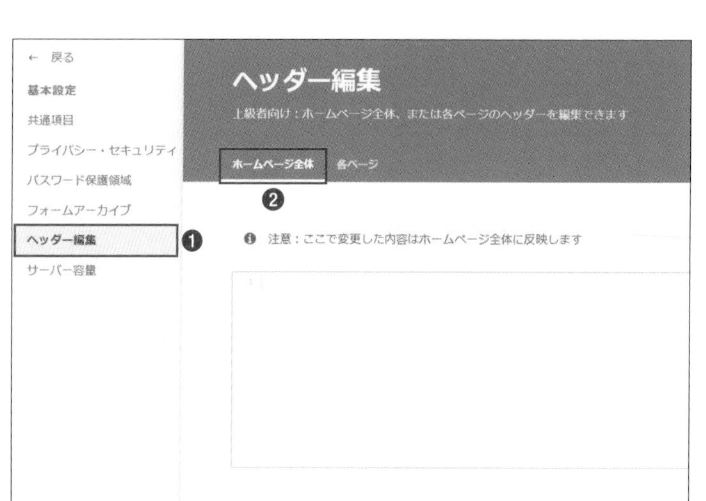

基本設定のメニューから「ヘッダー編集」をクリックします❶。
ヘッダー編集画面が表示されます。
「ホームページ全体」が表示されているのを確認します❷。

先ほどSearch Consolでコピーしたタグを貼り付けます❶。「保存」ボタンをクリックして保存します❷。

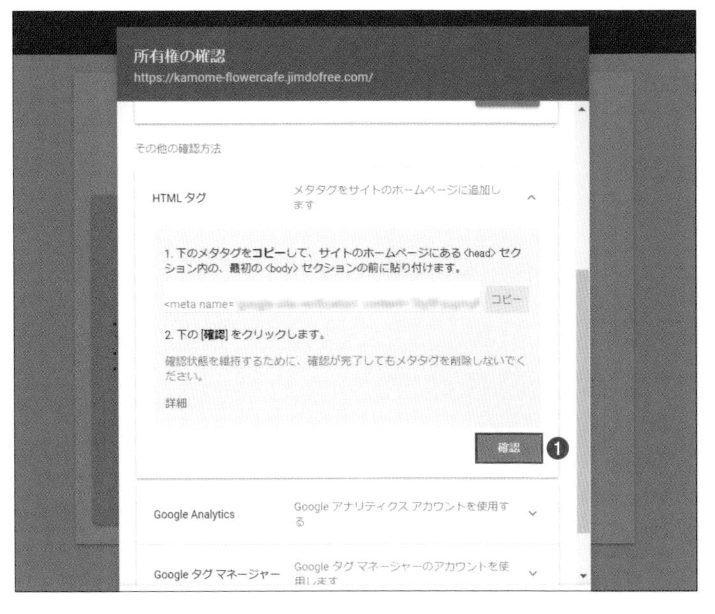

表示したままにしたSearch Consoleの所有権の確認画面を表示します。

「確認」ボタンをクリックします❶。

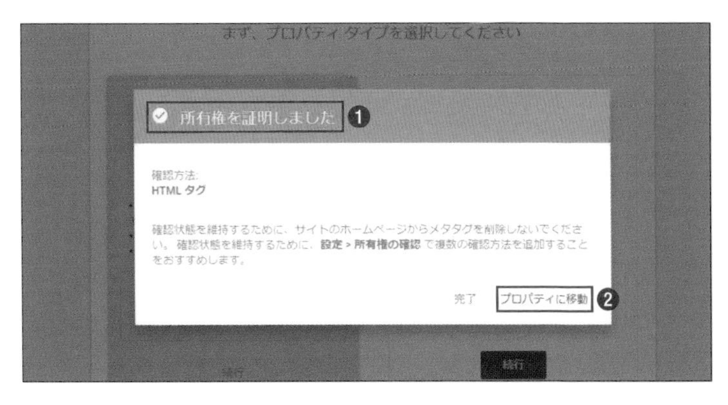

「所有権を証明しました」と表示されます❶。

これで所有権が確認されました。

「プロパティに移動」をクリックします❷。

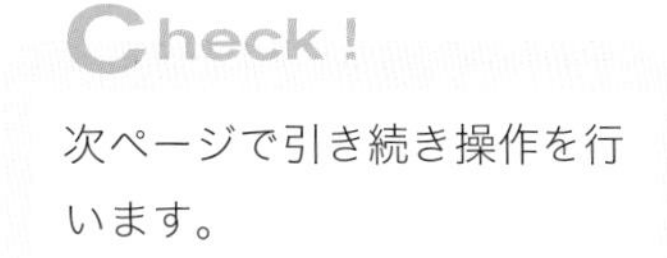

Check！

次ページで引き続き操作を行います。

Search Consoleにホームページを登録しよう～ホームページの登録リクエストをする

前ページの操作から、Search Consoleの画面が表示されました。「URL検査」をクリックします❶。

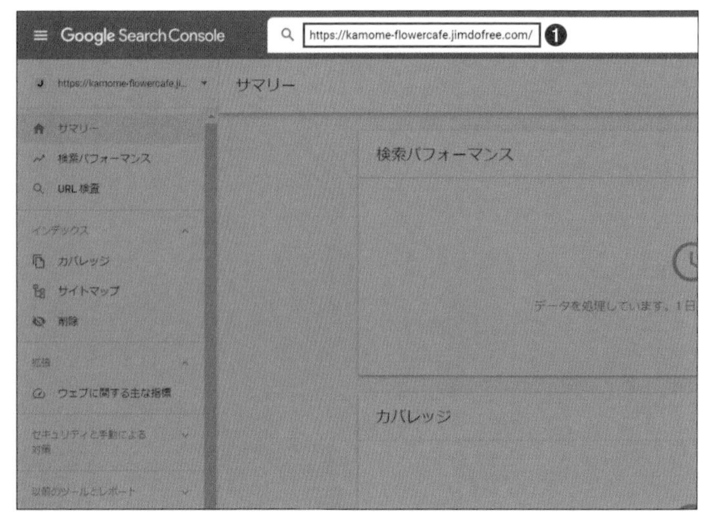

表示された検索ボックスにホームページのアドレスを入力し、Enterキーを押します❶。

URLがGoogleに登録されていません、と表示されます。
「インデックス登録をリクエスト」をクリックします❶。

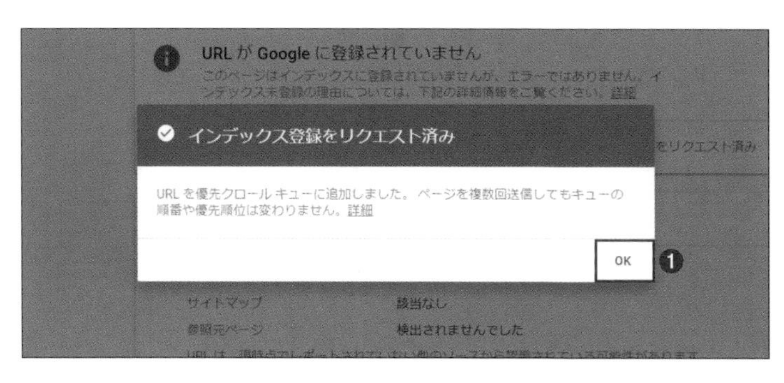

登録可能かテストした後、「インデックス登録をリクエスト済み」と表示されます。

Googleへの登録リクエストが完了しました。

「OK」をクリックします❶。

これでGoogleへの登録リクエストの操作は完了です。

Point

ホームページが登録される時期について

Googleの検索結果に表示されるまでの時間はGoogleで非公開になっています。すぐに検索結果に表示されるとは限りません。

Point

Google マイビジネスを活用する

店舗や事務所がある場合は、「Googleマイビジネス」に登録してお店の場所や詳細が表示されるようにしておくとよいでしょう。

Googleマイビジネス：https://www.google.com/intl/ja_jp/business/

SECTION
08 ホームページのQRコードを作成しよう

新しくできたホームページを、たくさんの人に見てもらえるように宣伝しましょう。名刺やチラシにホームページのQRコードを表示して活用しましょう。

新しく作成したホームページをたくさんの人に見てもらえるようにするには、SNSと連携する他に、チラシやポスターなどを使って宣伝することも必要です。その際にホームページがスマートフォンなどで簡単に表示されるように、QRコードを表示しておくと便利です。

QRコード無料作成サイト

QRコードは、無料で作成できるWebサイトを利用して簡単に作成することができます。ブラウザで「QRコード作成　無料」などでキーワード検索するとさまざまな作成サイトが表示されます。

QR コードを作成しよう

今回は、「クルクルManager」(https://m.qrqrq.com/) のサイトで作成していきます。

ブラウザの検索ボックスに「https://m.qrqrq.com/」と入力し、QRコード作成サイトを表示します。

URLの入力欄に、ホームページのアドレスを入力します❶。「作成」をクリックします❷。

Check!

ホームページアドレスをコピーして貼り付けるとよいでしょう。

QRコードが作成できました❶。

Check!

自分のホームページ画面が表示されるか、スマートフォンで読み込み確認してみましょう。

パソコンにダウンロードします。ダウンロードの形式を選択します❶。「ダウンロード」をクリックしてダウンロードします❷。

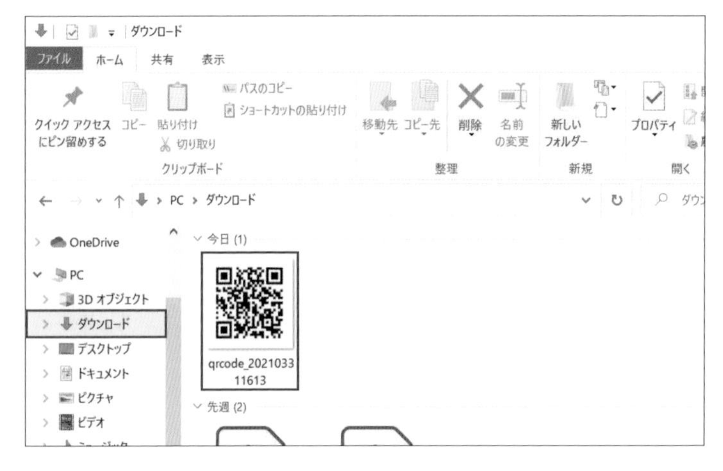

パソコンにダウンロードされたファイルを確認しましょう。

Check!

Windowsの場合、「ダウンロード」フォルダの中に保存されています。

Point

QRコードの活用方法

チラシや名刺に大きさを調整して印刷するとよいでしょう。
事前に必ず、スマートフォンのカメラでQRコードを読み込み、自分のホームページが表示されるか確認しましょう。

・チラシ・名刺・ポスター等

CHAPTER 6

ホームページ作成で困った時の Q&A

SECTION

01 ページにパスワードを設定するには？

ページにパスワードを設定することができます。会員限定など、パスワードを知っている一部の人にのみ公開する場合などに設定しましょう。

ページにパスワードを設定しよう

「管理メニュー」をクリックします❶。「基本設定」をクリックします❷。

「パスワード保護領域」をクリックします❶。表示された画面から「パスワード保護領域を追加する」をクリックします❷。

パスワード保護領域の名前を設定します❶。パスワードを設定します❷。パスワードを設定するページを選択します❸。最後に「保存」ボタンをクリックして保存します❹。

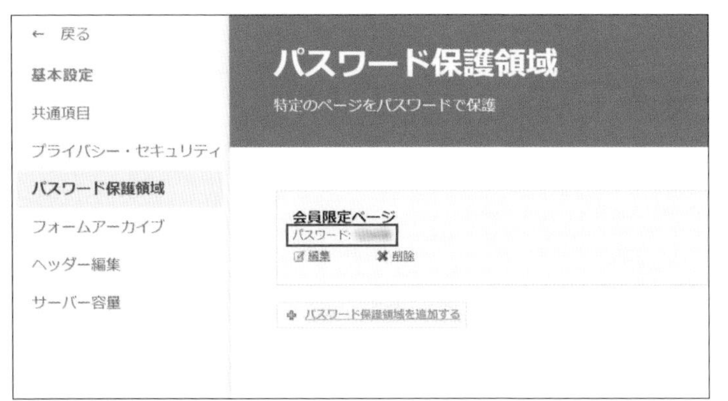

ページにパスワードが設定されました。管理メニューを閉じます。

パスワード保護ページを確認しよう

プレビュー画面でパスワード設定したページを表示し、パスワードが設定されていることを確認します。パスワードを入力してログインをクリックするとページが表示されます❶。

Point

パスワードを解除するには

「管理メニュー」の「パスワード保護領域」を表示します。「削除」をクリックし、「はい、削除します」をクリックするとパスワードが解除され、通常のページに戻ります。

SECTION 02

「Cookieを利用しています」と表示されるバナーは何？

ジンドゥーのホームページを閲覧する際、「このページはCookie（クッキー）を利用しています」と表示されるバナーについて確認しましょう。

Cookie（クッキー）って何？

Cookieとは、ホームページのアクセス解析などに使われるデータのことになります。Cookieを利用することで閲覧者のアクセス履歴などを記憶することができます。

ジンドゥーではこのCookieの利用について、初期設定では閲覧者の同意を得る内容が表示されます。

この利用に同意した場合でも、個人が特定されるものではありません。

Cookieバナー

「同意します」を選択すると次回からは表示されません。

「同意しません」を選択してもホームページの閲覧はできます。

パソコン画面のバナー

スマートフォン画面のバナー

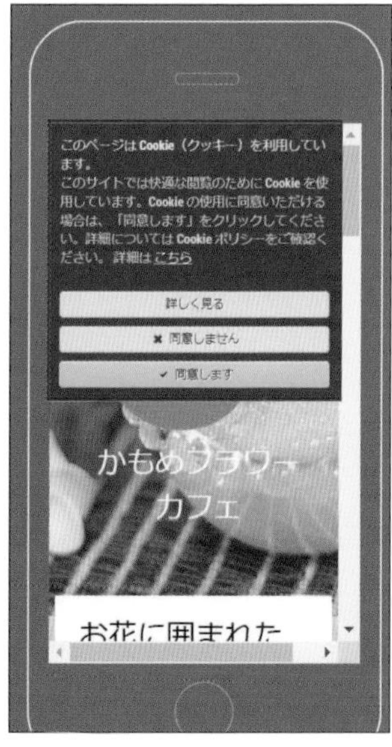

Cookie バナーの設定画面を表示しよう

Cookieの表示については管理メニューのプライバシー・セキュリティで設定できます。

「管理メニュー」をクリックします❶。「基本設定」をクリックします❷。

「プライバシー・セキュリティ」をクリックします❶。

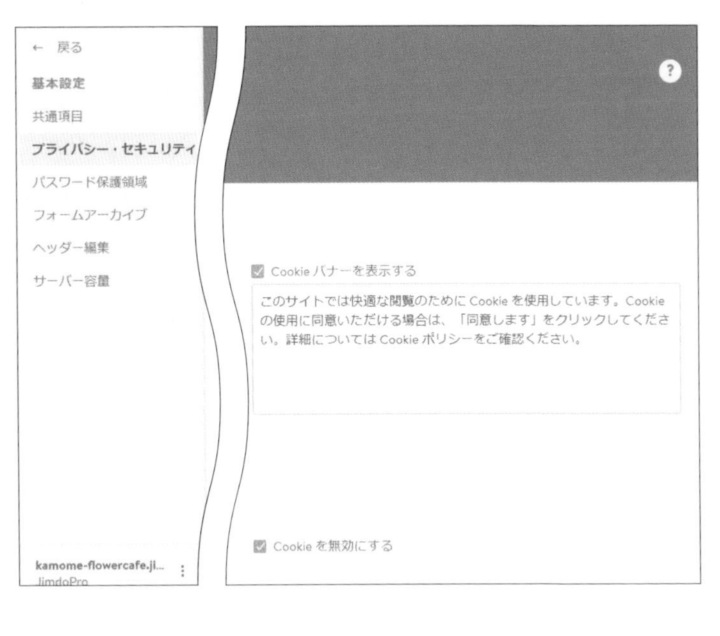

画面を上にスクロールすると、Cookieの表示の設定画面が表示されます。

SECTION

03 画像サイズが大きいので縮小するには？

ホームページに使用する画像のファイルサイズを、Windowsに付属している無料ソフト「ペイント」を使って縮小しましょう。

ホームページに追加する画像のファイルサイズが大きいと、読み込む際に時間がかかったり、動作が遅くなる場合があります。また、ホームページで利用できるサーバーの容量も限られているため、サイズの大きい画像をたくさん追加すると、使用できる容量も少なくなっていきます。
ホームページに利用する画像のファイルサイズが大きい場合、縮小して利用しましょう。

ペイントを起動しよう

「スタート」ボタンをクリックします❶。アプリの一覧の「Windowsアクセサリ」から「ペイント」をクリックします❷。

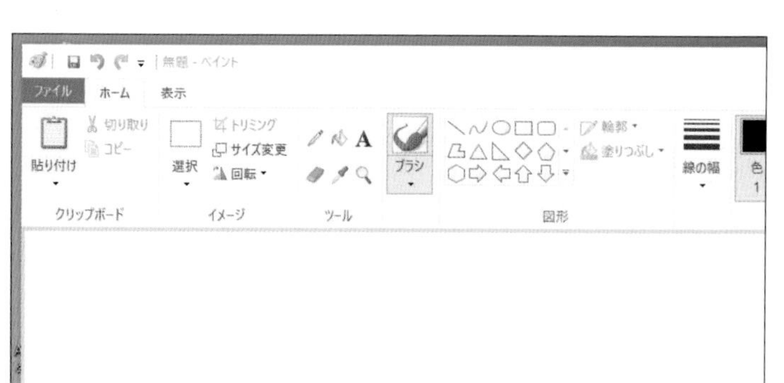

ペイントが起動します。

ペイントで画像ファイルサイズを縮小しよう

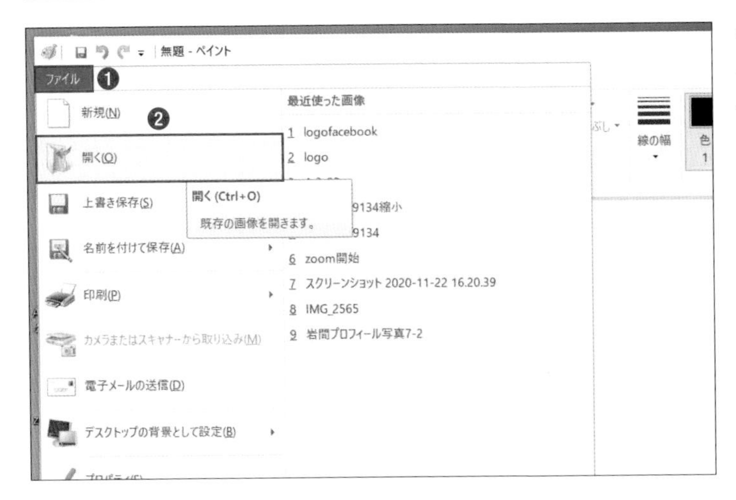

ペイントの「ファイル」メニューをクリックします❶。「開く」をクリックします❷。

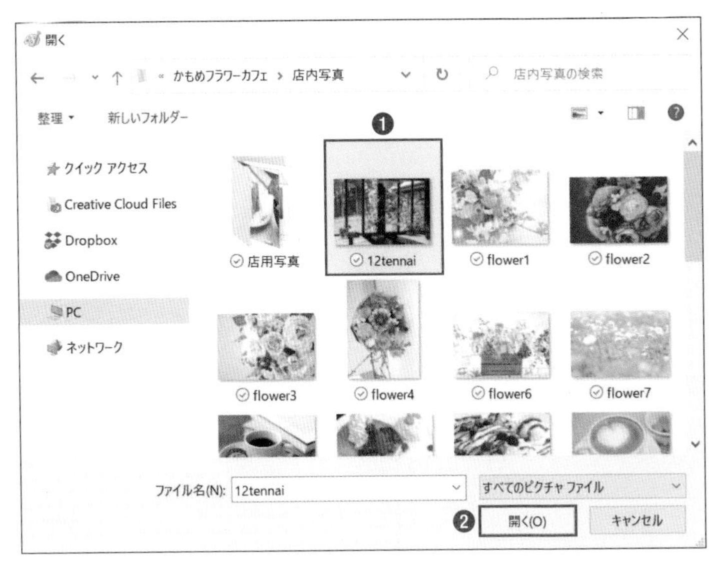

パソコンから縮小するファイルを選択します❶。「開く」をクリックします❷。

ペイントに画像が表示されます。「ホーム」タブの「サイズ変更」をクリックします❶。

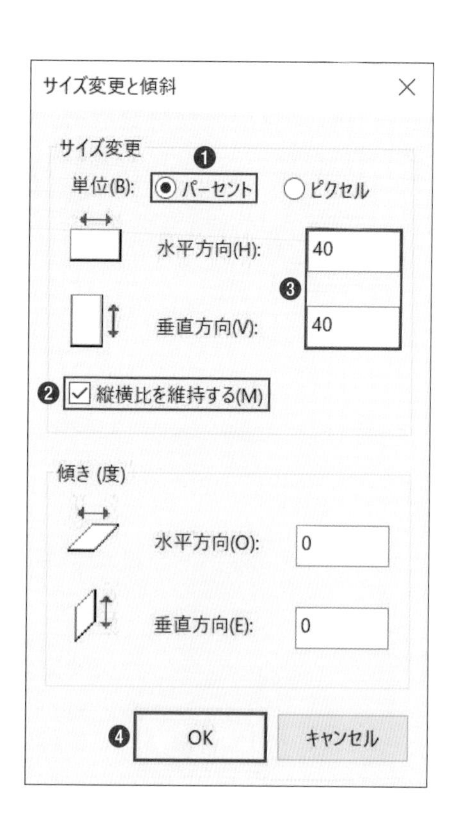

サイズ変更と傾斜ウインドウが表示されます。
サイズ変更の単位を「パーセント」にします❶。「縦横比を維持する」にチェックが入っているのを確認します❷。縮小するパーセントの数値を入力します❸。「OK」をクリックします❹。

画像のサイズが変更されました。

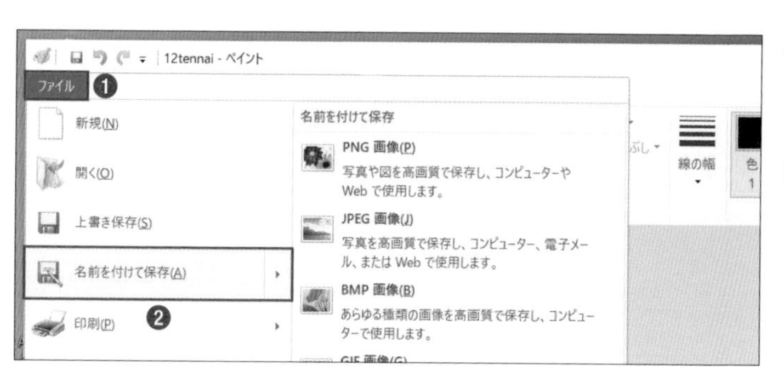

縮小した画像を名前を付けて保存しましょう。
「ファイル」タブをクリックします❶。「名前を付けて保存」をクリックします❷。

保存先を開き、ファイル名を入力します❶。「保存」ボタンをクリックして保存します❷。
これで画像ファイルのサイズが縮小されました。

縮小した画像のファイルサイズを確認しよう

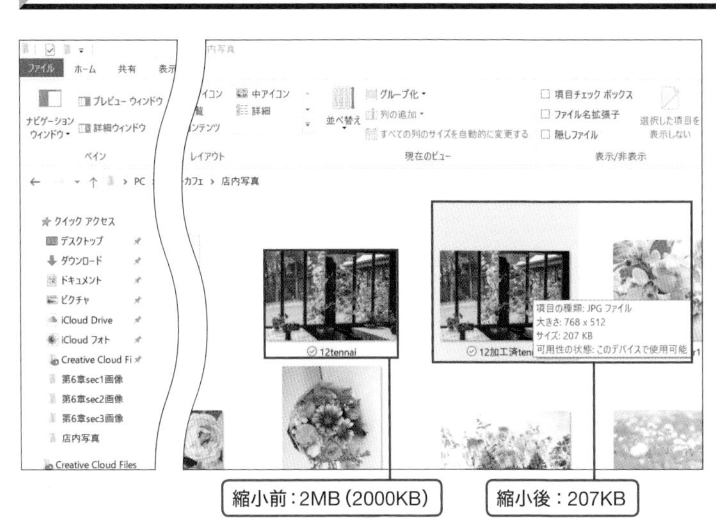

縮小した画像ファイルの保存場所を開き、画像の上にマウスポインタを合わせるとファイルサイズが表示されます。
画像サイズが縮小されたのが確認できます。

Check！

1MB＝1000KBです。

Point

ホームページのサーバー容量を確認するには？

ホームページのサーバー容量を確認するには、「管理メニュー」→「基本設定」→「サーバー容量」から確認できます。

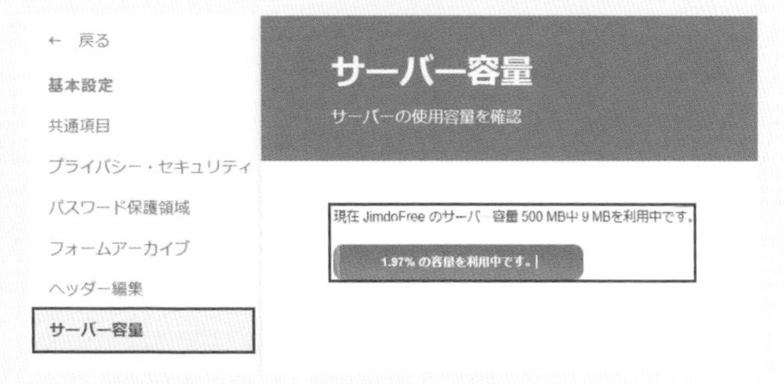

SECTION 04

ホームページに無料画像素材を利用するには?

無料で利用できる写真やイラストを「フリー素材」といいます。フリー素材利用する方法や注意することを確認しましょう。

フリー素材を使用する時に注意すること

フリー素材を使用するときには、下記の点に注意しましょう。フリー素材サイトによっては、会員登録が必要だったり、1日のダウンロード枚数に制限があったりする場合もあります。

・利用規約を確認する
・商用利用が可能かどうか確認する
・クレジット(著作権者名)の表記が必要か確認する　等

●おすすめのフリー素材サイト

・Pixabay　https://pixabay.com/ja/
・写真AC　https://www.photo-ac.com/
・ぱくたそ　https://www.pakutaso.com/
・いらすとや　https://www.irasutoya.com/

フリー素材のダウンロード方法①：サイトに「ダウンロード」ボタンがある場合

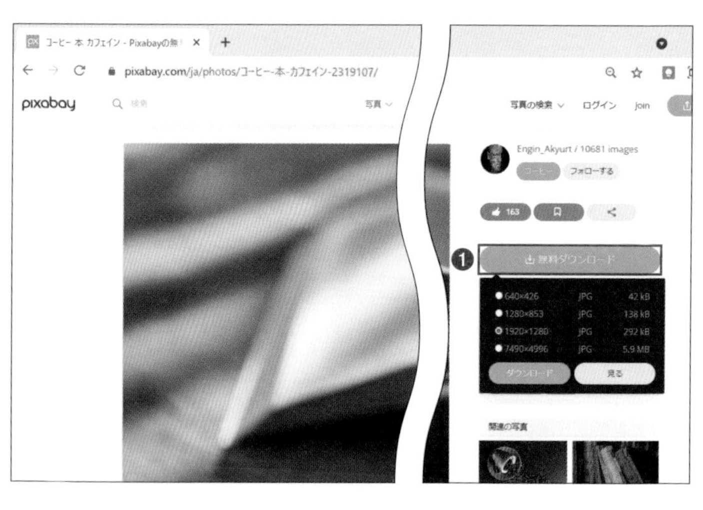

素材サイトで、ダウンロードする画像を検索して表示します。
「無料ダウンロード」ボタンをクリックしてダウンロードします❶。

Check!

サイトによって表記されている指示に従います。

フリー素材のダウンロード方法②：右クリックを使ってダウンロードする場合

素材サイトで、ダウンロードする画像を検索して表示します。
画像の上で右クリックします❶。

表示されたメニューから「名前を付けて画像を保存」をクリックします❶。

パソコンで保存先を指定し、「保存」ボタンをクリックして保存します❶。

SECTION

05 アカウントのパスワードを忘れてしまった！

ジンドゥーにログインするためのパスワードを忘れてしまった場合は、パスワードを再設定することができます。設定したパスワードは忘れないようにしましょう。

パスワードを再設定しよう

ホームページのログイン画面を表示します。
「パスワードをお忘れですか？」をクリックします❶。

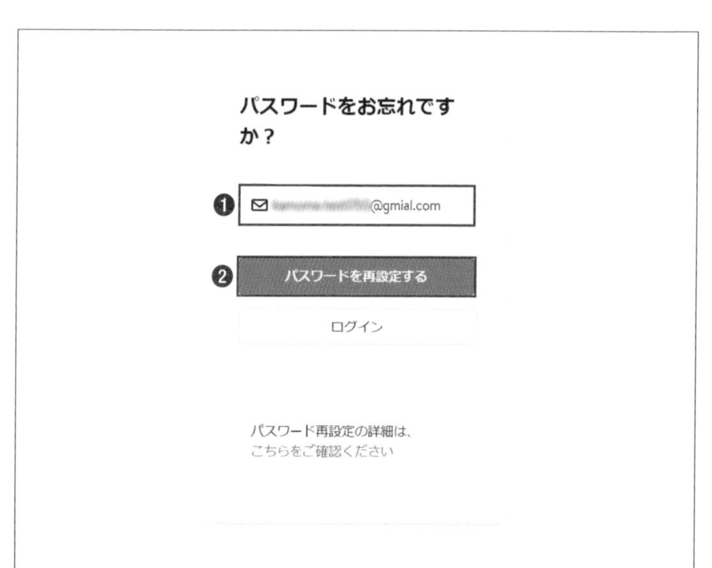

登録しているメールアドレスを入力します❶。「パスワードを再設定する」をクリックします❷。

メールを送信しました

パスワード再設定の確認メールを@gmial.com まで送信しました。パスワードをリセットするには、メール内のリンクをクリックしてお進みください。メールを確認できない場合は迷惑メールフォルダーをご確認ください。

メールを再送信

メールが届かなかった場合、ジンドゥーアカウントに紐づいているメールアドレスを再度ご確認ください。 メールアドレスを変更

「メールを送信しました」と表示されます。

パスワードを再設定する

よくあることです。ご安心ください。下記ボタンからパスワードを再設定できます。

❶ 

このメール内の「パスワードを再設定」のボタン、およびリンクの有効期限は60分です。パスワードの再設定をリクエストしていない場合は、こちらのメッセージを無視してください。

今後ともよろしくお願いいたします。
ジンドゥー

ボタンからパスワードの再設定が正常に行われない場合は、次のリンクをコピーし、ブラウザのアドレスバーにて貼り付けてください：
https://account.e.jimdo.com/ja/accounts/password/reset/key/885d58fc6d624c5196d04537051a0509-akiu0d-8167bad80e09472ad8ed72a849cd811b/

メールを開き、ジンドゥーから受信したメールを開きます。
「パスワードを再設定」をクリックします❶。

パスワードを変更する

❶ ············
············

❷ パスワードを変更する

新しく設定するパスワードを入力します❶。「パスワードを変更する」をクリックします❷。

Check !

パスワードの必要条件は18ページを参照してください。

パスワードが変更されました

パスワードが再設定されました

ログイン

パスワードが再設定されました。

SECTION

06 AIビルダーとクリエイターの見分け方は？

ジンドゥーのホームページは、AIビルダーとクリエイターの2種類があります。この2種類の見分け方を確認しましょう。

AIビルダーとクリエイターでは、画面構成や操作方法が異なります。本書では、ジンドゥーの「クリエイター」でホームページを作成しています。自分のホームページがどちらの種類で作成しているか、見分け方を確認しましょう。

無料版の場合：ホームページアドレスの違い

- AIビルダー：末尾が「jimdosite.com」

- クリエイター：末尾が「jimdofree.com」

画面構成の違い

● AIビルダー

・「デザイン、ナビゲーション」メニューが表示されている
・ホームページ作成ツール:「ブロックを追加」

● クリエイター

・「管理メニュー」が表示されている
・ホームページ作成ツール：「コンテンツを追加」

Point

AI ビルダーからクリエイターに変更できるの？

AIビルダーとクリエイターは互換性がないため作成途中で種類を変更することはできません。
AIビルダーからクリエイターに作りかえる場合には、同アカウントからホームページを新規作成して初めから作成しましょう。

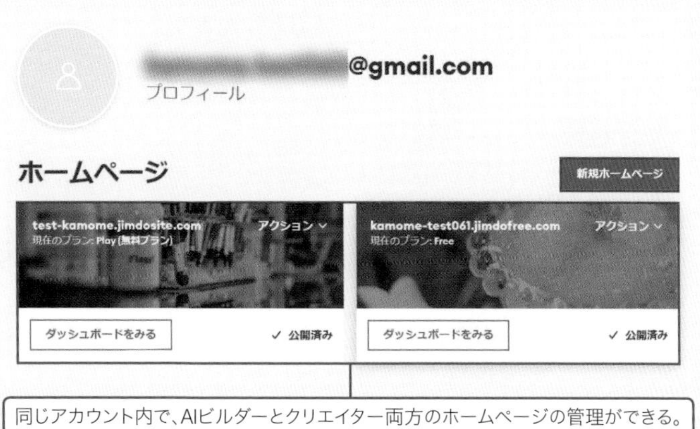

同じアカウント内で、AIビルダーとクリエイター両方のホームページの管理ができる。

SECTION

07 有料版へ切り替えたい場合は？

無料版から有料版へいつでもアップグレードすることができます。有料版に切り替えることで独自ドメインを取得することもできます。

有料版へアップグレードしよう

編集画面で「アップグレード」をクリックします❶。

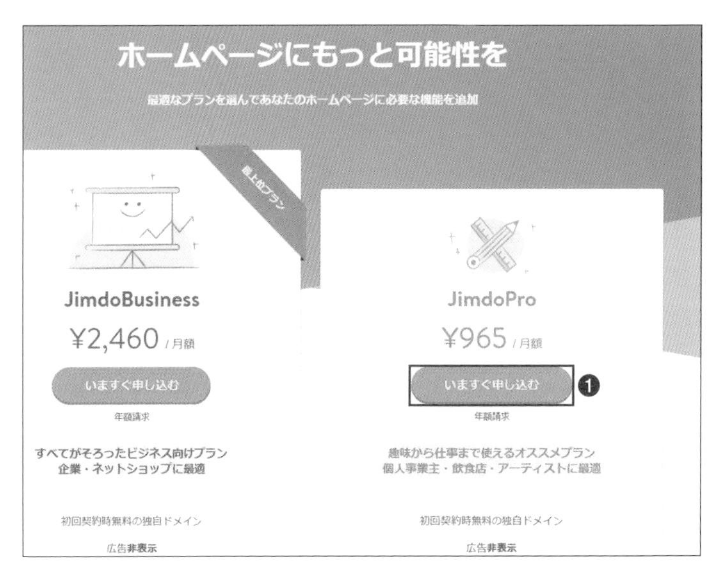

申し込む有料プランを選択し、「いますぐ申し込む」をクリックします❶。

更新プランを選択します❶。クーポンがあればコードを入力し「適用」をクリックします❷。
画面を下へスクロールします。

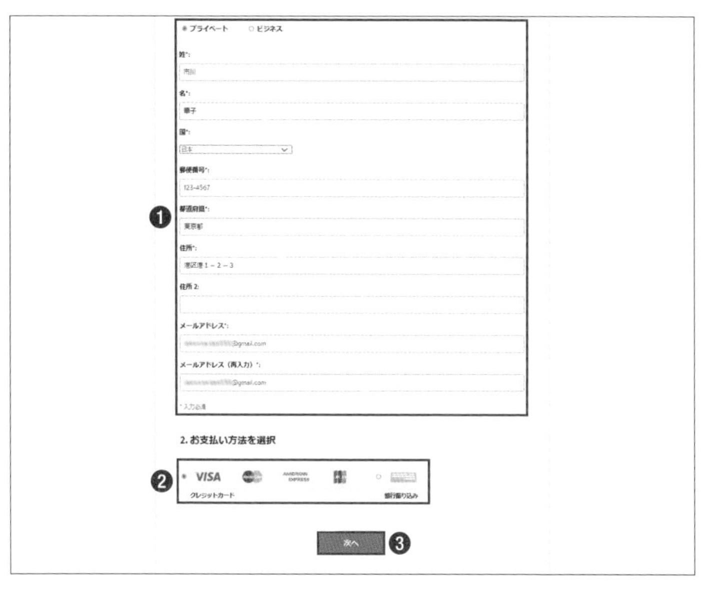

続けて契約者情報を入力します❶。支払方法を選択します❷。「次へ」をクリックします❸。

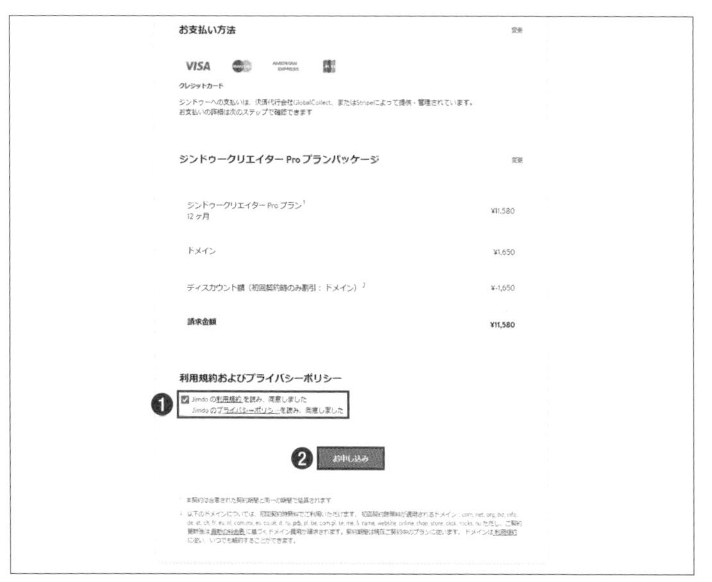

入力内容を確認します。
プライバシーポリシーの内容を確認し、チェックを入れます❶。「お申込み」をクリックします❷。

クレジットカード支払いの場合、カード情報を入力します❶。「お支払いを確定」をクリックします❷。

有料プランが契約されました。「ホームページへログイン」をクリックします❶。

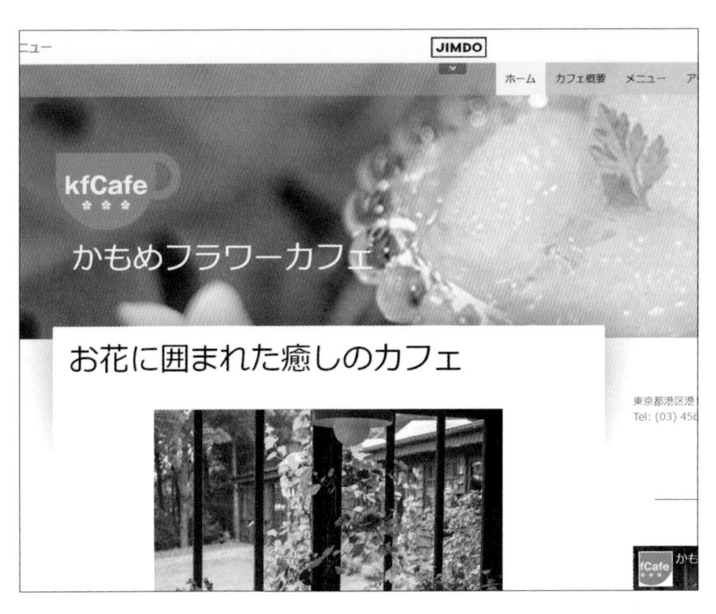

ホームページの編集画面が表示されます。

独自ドメインを取得しよう

有料版へのアップデートが完了したら、独自のホームページアドレス(独自ドメイン)を登録しましょう。

管理メニューをクリックします❶。「ドメイン・メール」をクリックします❷。

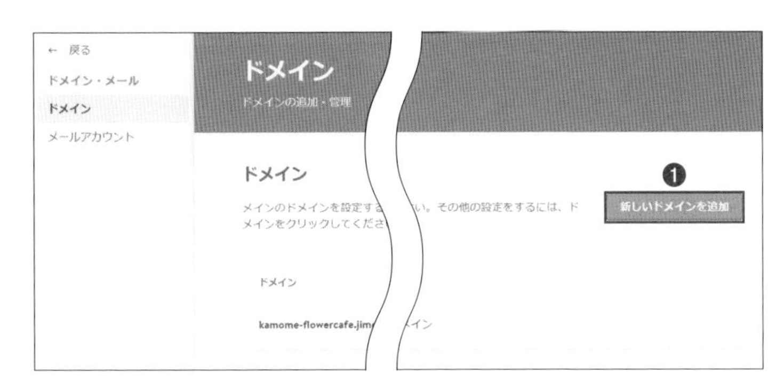

ドメインの管理画面が表示されます。「新しいドメインを追加」をクリックします❶。

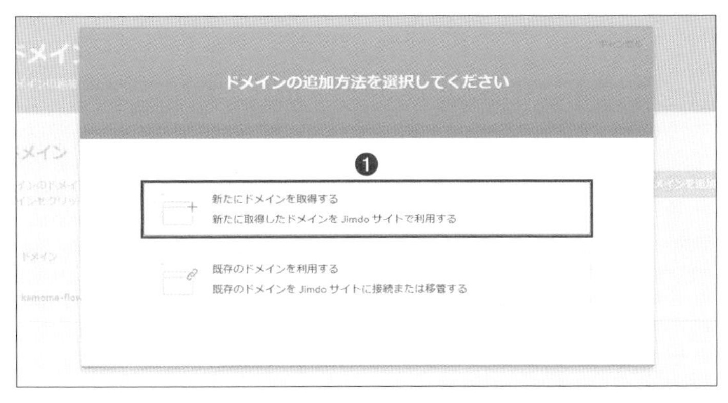

ドメインの追加方法を選択します。「新たにドメインを取得する」をクリックします❶。

希望するドメインを入力します❶。「利用可能か確認」をクリックします❷。

入力したドメインが利用可能かどうか表示されます❶。「ドメインを登録する」をクリックします❷。

Check!

既に利用されている場合は、他のドメインを入力して確認しましょう。

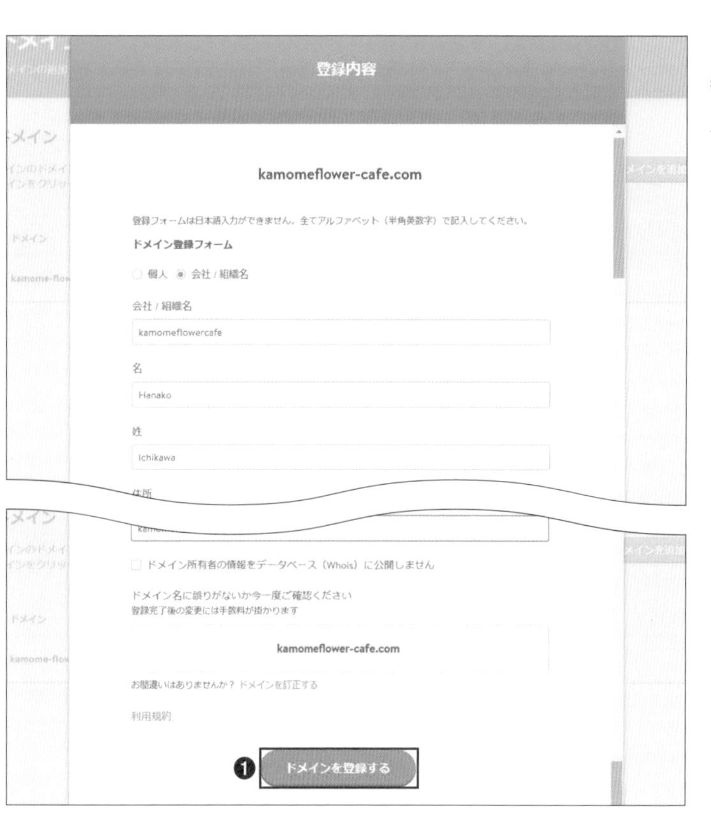

ドメイン登録フォームに利用者の情報を「半角英数字」で入力します。入力内容を確認して最後に「ドメインを登録する」をクリックします❶。

Check!

ドメイン名に間違いないか必ず確認してから登録しましょう。なお、ドメイン名は半角英数字で入力してください。

ドメインが登録されました。
登録内容をメールで確定します。

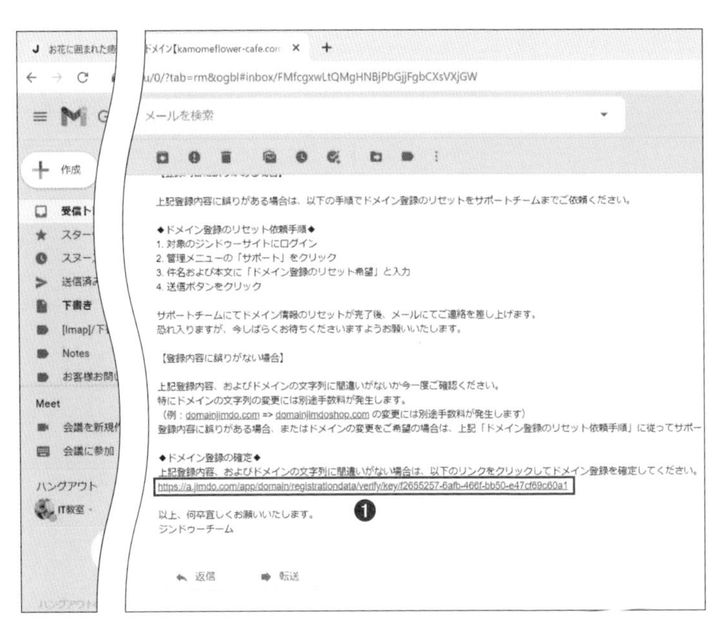

登録したメールで、ジンドゥーから送られてきたメールを開きます。ドメインの登録内容を確認し、登録確定のリンクをクリックして登録を確定します❶。

独自ドメインの登録が完了しました。

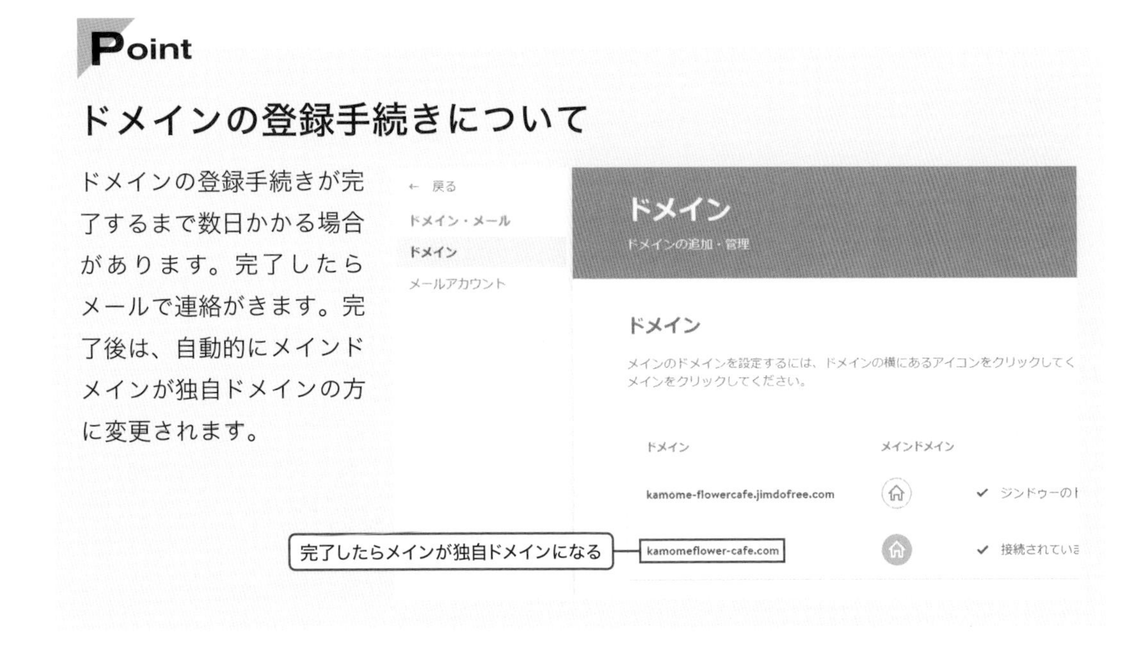

Point

ドメインの登録手続きについて

ドメインの登録手続きが完了するまで数日かかる場合があります。完了したらメールで連絡がきます。完了後は、自動的にメインドメインが独自ドメインの方に変更されます。

SECTION

08 ホームページを削除したい！

不要になったホームページは無料版であれば削除することができます。ホームページを削除する方法を確認しましょう。

ホームページの削除ができるのは無料版のホームページのみになります。ホームページは一度削除すると元には戻せません。なお、有料版に登録している場合は、先に有料版を解約する必要があります。

ホームページを削除しよう

管理メニューをクリックします❶。「ダッシュボード」をクリックします❷。

ダッシュボード画面が表示されます。

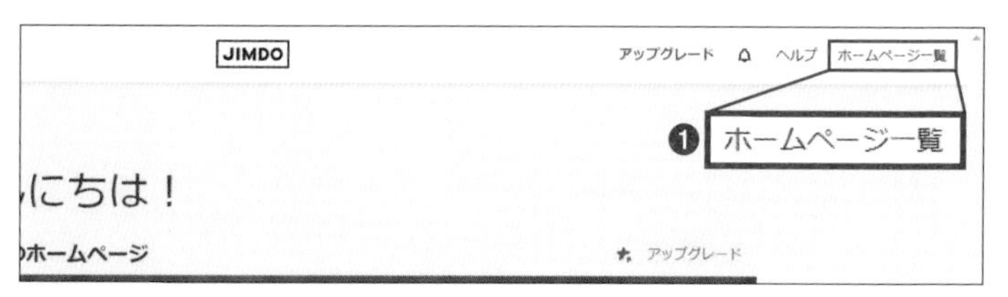

ダッシュボード画面の右上「ホームページ一覧」をクリックします❶。

アカウントで管理しているホームページ一覧が表示されます。
削除するホームページの「アクション」をクリックします❶。

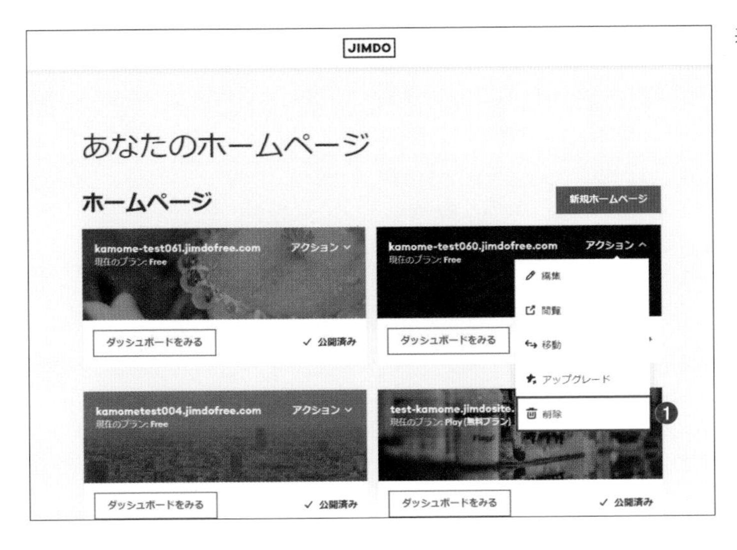

表示されたメニューから「削除」をクリックします❶。

ホームページ削除の設定画面が表示されます。
削除に関する注意事項を確認し、チェックを入れます❶。「ホームページを削除する」をクリックして削除します❷。

Check！

削除すると元には戻せません。注意して削除しましょう。

Point

ホームページは初期化できるの？

ジンドゥーのホームページは初期化という機能はありません。ページを全て削除して作成し直すか、ホームページを一度削除して新規作成しましょう。

SECTION

09 スマホからホームページを編集できるの？

ジンドゥーのホームページはスマートフォンを使って編集することもできます。アプリをダウンロードしてジンドゥーのホームページを編集しましょう。

スマートフォンアプリでできること

スマートフォンアプリからは、コンテンツの追加、編集・ブログの投稿・ナビゲーションの編集・レイアウトの変更・背景の変更・ホームページタイトルの変更・ロゴの変更・ショップ機能（注文の管理）・ホームページ削除（無料版）・アクセス解析（有料版）などを行うことができます。

アプリをダウンロードしよう

スマートフォンにジンドゥーのアプリをダウンロードしましょう。

スマートフォンのダウンロードアプリで「ジンドゥー」で検索してアプリをダウンロードします。

iphone：APPストア

Android：Playストア

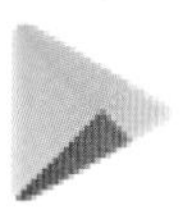

iPhone

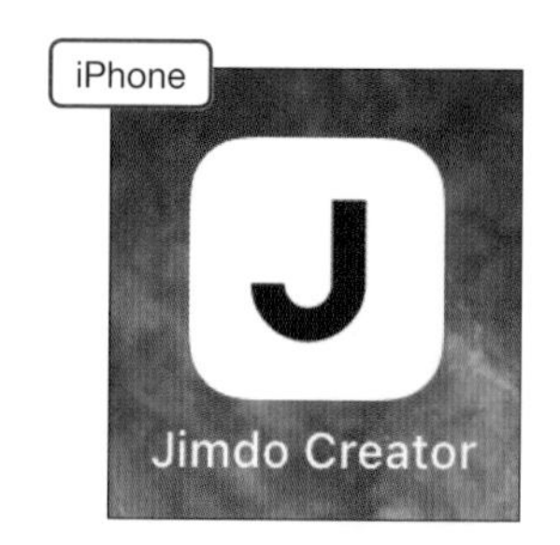

Android

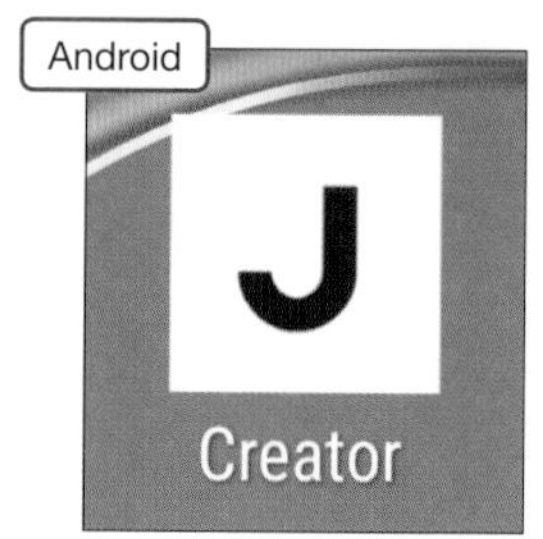

スマートフォンにアプリがダウンロードされました。
アプリをタップして起動しましょう。

アプリにログインしよう

本書の操作ではiPhoneを使用しています。ジンドゥーアプリを起動します。
「アカウントにログインする」をタップします❶。

ログイン画面が表示されます。
「メールアドレスでログイン」をタップします❶。

ジンドゥーにアカウント登録しているメールアドレスとパスワードを入力します❶。
「ログイン」をタップします❷。

ホームページの編集画面が表示されます。

CHAPTER 6 ホームページ作成で困った時のQ&A

アプリの画面構成を確認しよう

● iPhone

❶ ナビゲーションの編集/ブログ
❷ アクセス解析（有料版）
❸ 設定
❹ ページ編集/ホームページ編集
❺ ナビゲーション（ページ切り替え）
❻ プレビュー画面切り替え
❼ コンテンツの追加
❽ シェア
❾ 更新

● Android

❶ ナビゲーションの編集/ブログ/設定/アクセス解析（有料版）
❷ シェア
❸ プレビュー画面切り替え
❹ ページ編集/ホームページ編集
❺ ナビゲーション（ページ切り替え）
❻ コンテンツの追加

コンテンツを追加しよう

本書の操作ではiPhoneを使用しています。
「コンテンツを追加」をタップします❶。

表示されたコンテンツ一覧から追加するコンテンツを選択して追加していきます。

コンテンツの移動、削除しよう

「ページ編集」ボタンをタップします❶。画面下に表示されている「編集」ボタンをタップします❷。

・移動する
　コンテンツの「移動ボタン」を移動先までスワイプして移動します❶。
・削除する
　コンテンツの「削除ボタン」をタップして削除します❷。
最後に「完了」をタップします❸。

ブログを投稿しよう

スマホからブログの投稿ができると、スマホの写真を投稿することもできて便利です。

「ナビゲーションの編集/ブログ」ボタンをタップします❶。
「ブログ」タブをタップします❷。
「ブログ投稿」をタップします❸。

Check !
ブログの編集をする場合は「編集」ボタンから行います。

ブログのタイトルやテーマ、ブログの公開など設定します❶。「保存」ボタンで保存します❷。

ブログのタイトルが表示されます。「コンテンツを追加」から文章や画像コンテンツを追加してブログを作成していきます❶。

付 録

ジンドゥーで使える便利な機能一覧

SECTION

01 YouTube

YouTube の動画をホームページに表示しよう

YouTubeで、ホームページに表示したい動画を表示します。
「共有」ボタンをクリックします❶。

共有画面の「コピー」をクリックしてYouTube動画のURLをコピーします❶。

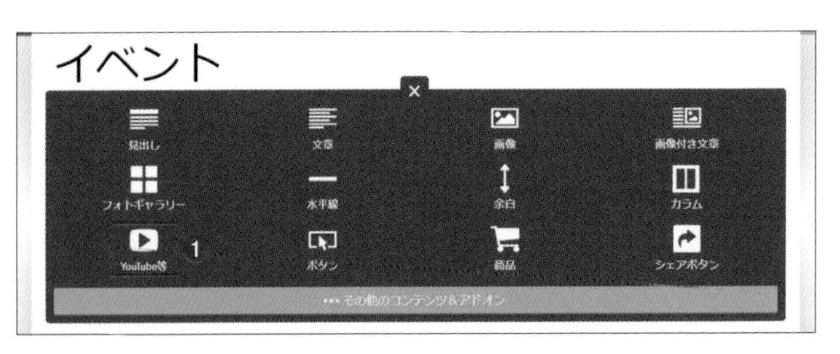

ホームページの編集画面を表示します。「コンテンツを追加」から「YouTube等」をクリックします❶。

「YouTube等」コンテンツが表示されます。
「動画のリンク」欄にコピーしたYouTube動画のURLを貼り付けます❶。

画面の大きさ❶、配置❷、フォーマット❸などを調整します。
「保存」ボタンをクリックして保存します❹。

YouTubeの動画が表示されました。

Check!

プレビュー画面で動画を確認してみましょう。

SECTION

02 シェアボタン

シェアボタンを追加しよう

シェアボタンを追加すると、SNS上でホームページをシェアできるようになります。閲覧者にSNS上でホームページをシェアしてもらうことで、ホームページの宣伝にもつなげることができます。

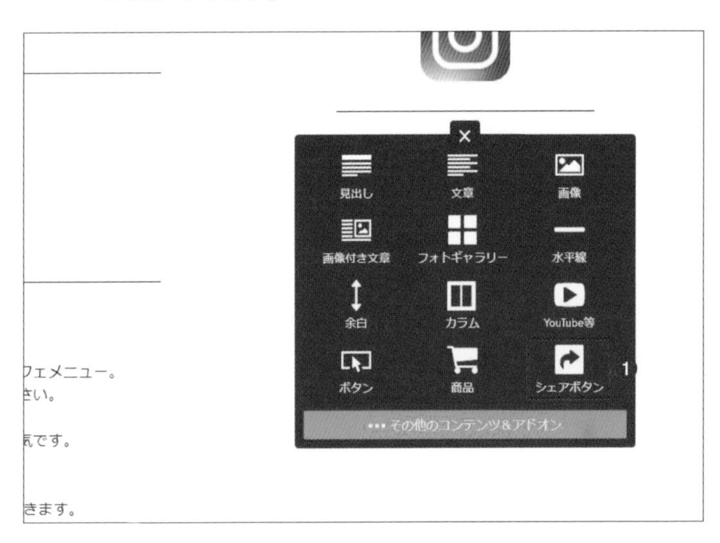

「コンテンツを追加」から「シェアボタン」をクリックします❶。

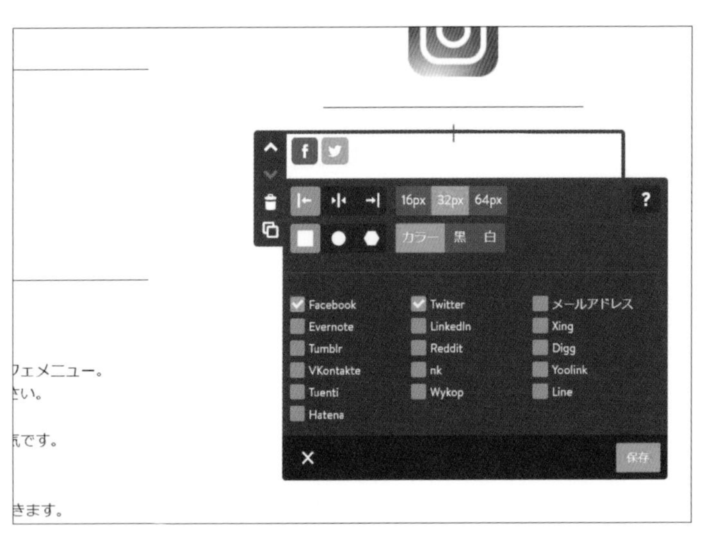

シェアボタンコンテンツが表示されます。

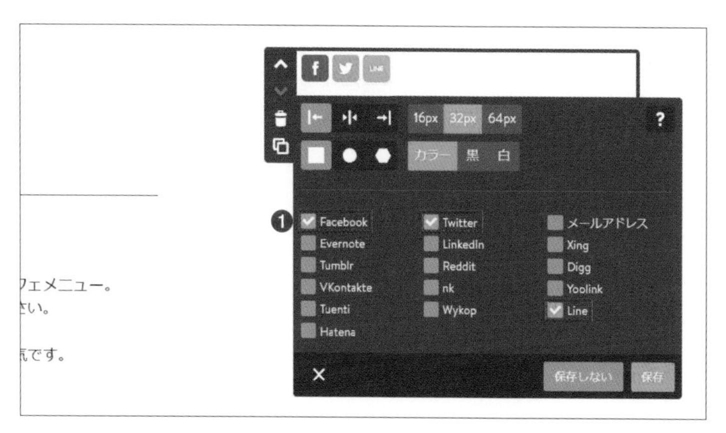

表示するシェアボタンの種類を選択します❶。

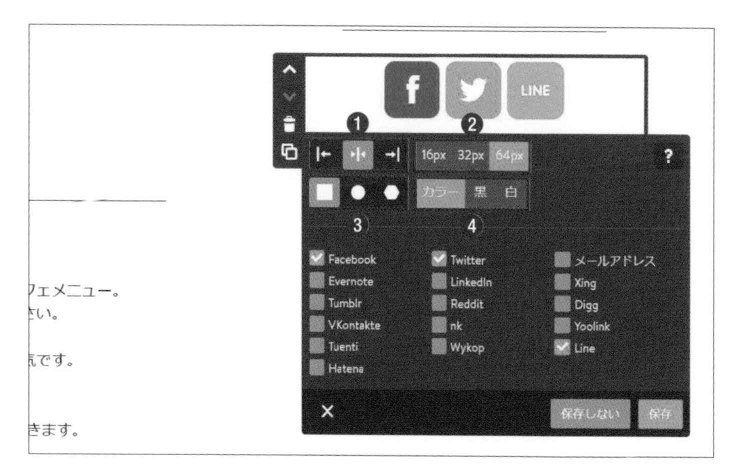

ボタンの配置❶、サイズ❷、ボタンの形❸、色❹を設定します。

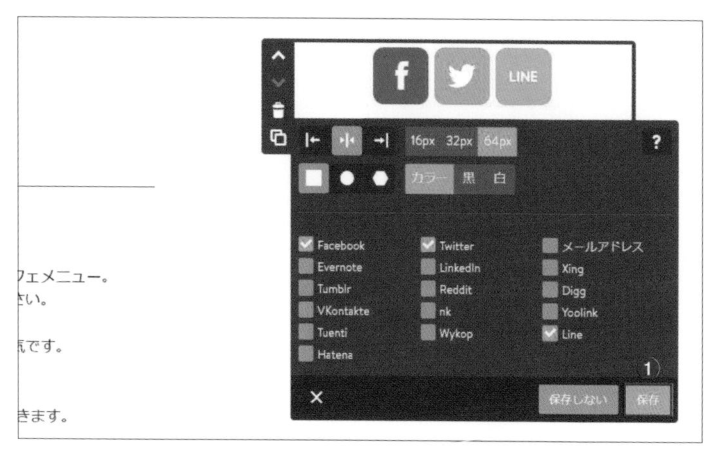

「保存」ボタンをクリックして保存します❶。

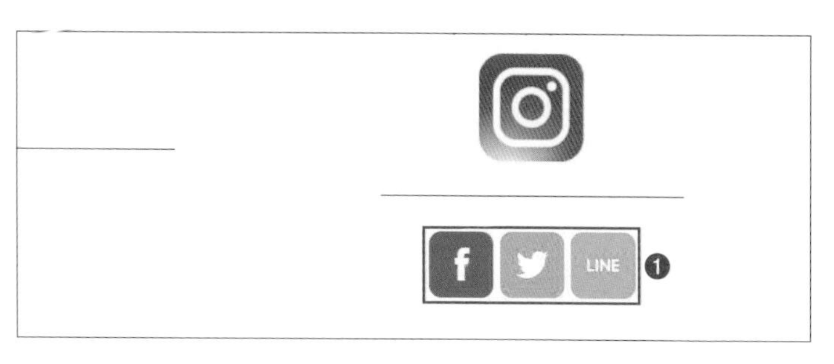

シェアボタンが追加されました❶。

SECTION

03 ファイルダウンロード

ファイルダウンロードについて

ホームページに追加したファイルを、閲覧者がダウンロードすることができる機能を追加できます。
1回につきアップロード可能なサイズは、無料版で10MB、有料版で100MBまでです。

- **アップロード可能なファイル形式**
  無料版：pdf, gif, jpeg, png, など（WordやExcelファイルは有料版のみ）
  有料版：無料版ファイルに加え、docx,xlsx,pptx,Zip,txt,mpg,mp3,mp4など
  （詳細はジンドゥーのサポートページ参照：https://help.jimdo.com/hc/ja/articles/115005512006）

ファイルダウンロードコンテンツを追加しよう

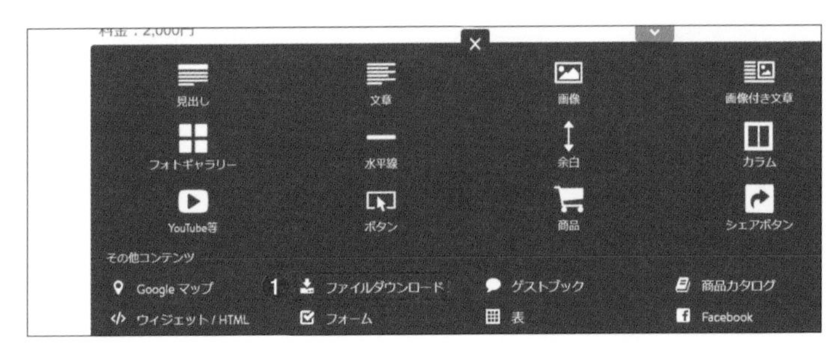

「コンテンツを追加」→「その他のコンテンツ＆アドオン」から「ファイルダウンロード」をクリックします❶。

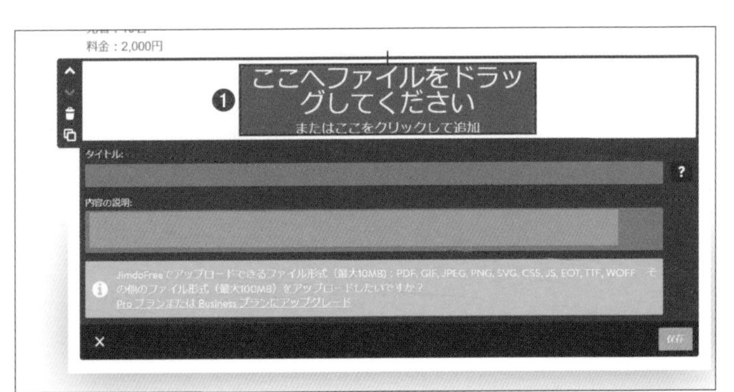

ファイルダウンロードコンテンツが表示されます。
「ここへファイルをドラッグ」の上をクリックします❶。

パソコン上で追加するファイルを選択し、「開く」をクリックします❶。

バリスタが教えるコーヒーの美味しい淹れ方
当店のバリスタがお届けするイベントです。
お家でも美味しいコーヒーを淹れてみませんか？
バリスタが丁寧にわかりやすくお教えするイベントです。

日時：4月4日（日）14時〜15時
場所：カフェ店内
先着：10名
料金：2,000円 ❶
イベント詳細.pdf
PDFファイル [12.5 KB]
ダウンロード
タイトル:
コーヒーの美味しい淹れ方イベント詳細
❷ 内容の説明:
4月4日のイベント「バリスタが教えるコーヒーの美味しい淹れ方」の内容です。
参加ご希望の方は内容を確認してお申込みください。
保存しない
保存
❸

ファイルが追加されました❶。
必要であれば「タイトル」と「内容の説明」を入力します❷。
「保存」ボタンをクリックして保存します❸。

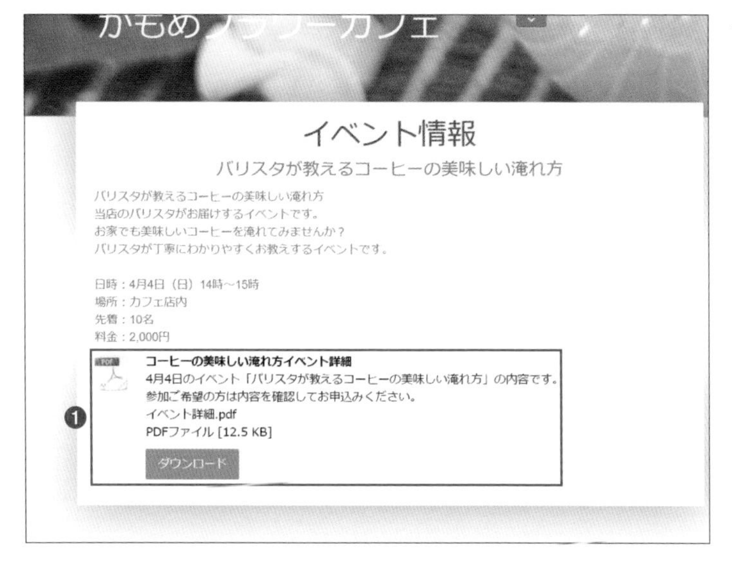

ダウンロードできるファイルが追加されました❶。

SECTION

04 ウィジェット/HTML

「ウィジェット/HTML」を利用することで、外部サービスが提供している埋め込みコードを利用することができ、外部サービスと連携するボタンなどを表示することができます。

予約サービスサイトの予約ボタンを表示しよう

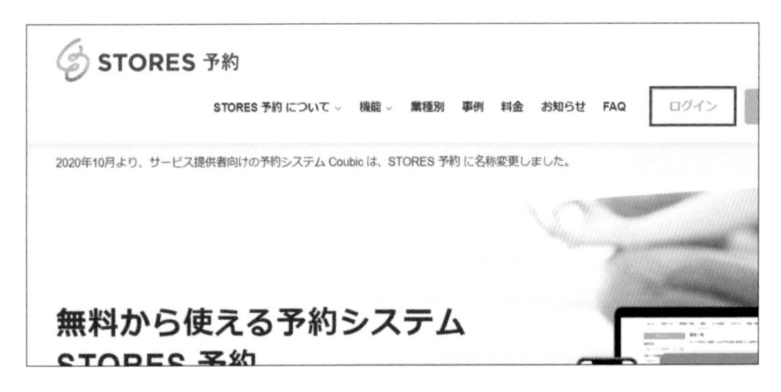

登録している予約サービスページにログインします。
今回は「STORES予約」(https://stores.jp/reserve) を利用しています。

予約ボタン・カレンダーを設置
こちらから予約機能のみを切り出し、予約ボタンや予約カレンダーとしてホームページ等に設置できます。
❶ ネット予約はこちら

トップページの「予約ボタン・カレンダーを設置」から予約ボタンを設置するページを開きます❶。

設置方法
設置は簡単。複数のボタンデザインから設置するあなたのホームページやブログに合ったボタンを選べます。
1. ボタンのデザインを選んで下さい。
❶ ネット予約はこちら　ネット予約はこちら　ネット予約はこちら　ネット予約はこちら
2. 予約対象となる予約ページを選んで下さい。
トップページ
3. 下記コードをコピーして設置したい場所に貼り付けます。
コピー
❷ <a href="https://coubic.com/kamome" target="_blank"><
alt="STORES 予約 から予約する" width="160" height="40"></a>

ボタンのデザインや表示する予約ページを選択します❶。予約ボタンの埋め込みコードをコピーします❷。

ホームページの編集画面を表示します。
「コンテンツを追加」→「その他のコンテンツ＆アドオン」から「ウィジェット/HTML」をクリックします❶。

コンテンツが表示されます。
予約サイトでコピーしたコードをボックスに貼り付けます❶。「保存」ボタンをクリックして保存します❷。

予約サービスと連携する予約ボタンが表示されました❶。

Check!

プレビュー画面でクリックして確認しましょう。

音楽の紹介を埋め込もう

登録している音楽サイトにログインします。
今回は「Spotify」(https://www.spotify.com/jp/)を利用しています❶。

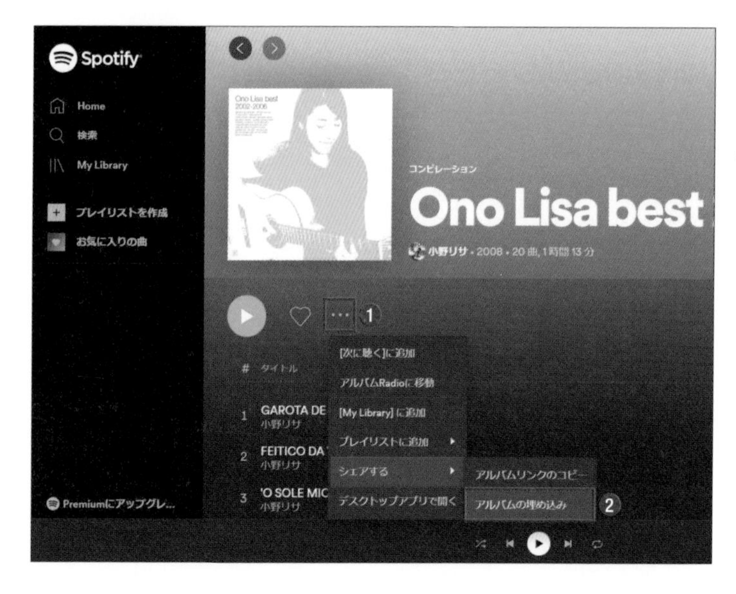

ホームページで紹介したい曲を検索して表示します。
「詳細」ボタンをクリックします❶。
表示されたメニューから「シェアする」→「アルバムの埋め込み」をクリックします❷。

埋め込み画面が表示されます。
「コードを表示」にチェックを入れます❶。
「コピー」をクリックしてコードをコピーします❷。

Check!

サービスの利用規約を確認して利用しましょう。

ホームページの編集画面を表示します。

「コンテンツを追加」→「その他のコンテンツ＆アドオン」から「ウィジェット/HTML」をクリックします❶。

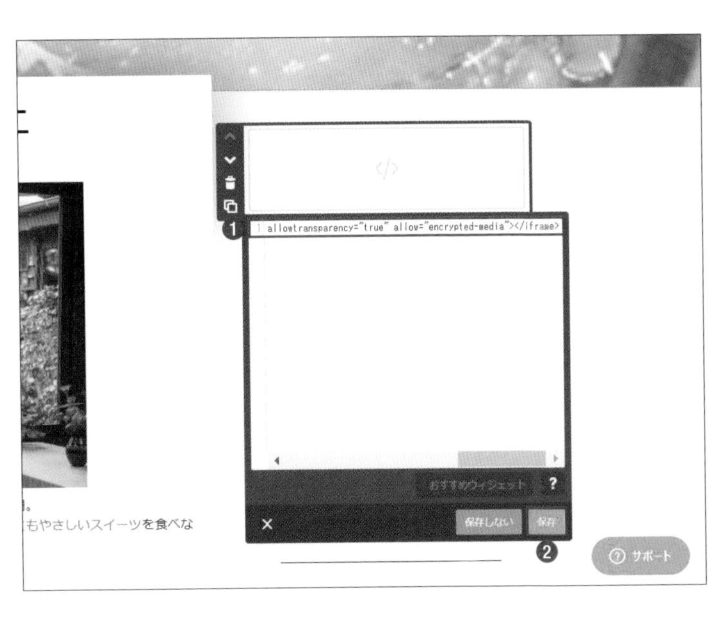

コンテンツが表示されます。

音楽サイトでコピーしたコードをボックスに貼り付けます❶。

「保存」ボタンをクリックして保存します❷。

ホームページに音楽が埋め込まれました。

Check!

プレビュー画面で音楽を再生して問題ないかどうか確認しましょう。

SECTION

05 Googleカレンダー

Googleカレンダーと連携して、ホームページに営業時間や予定などを表示することができます。

Googleカレンダーを設定しよう

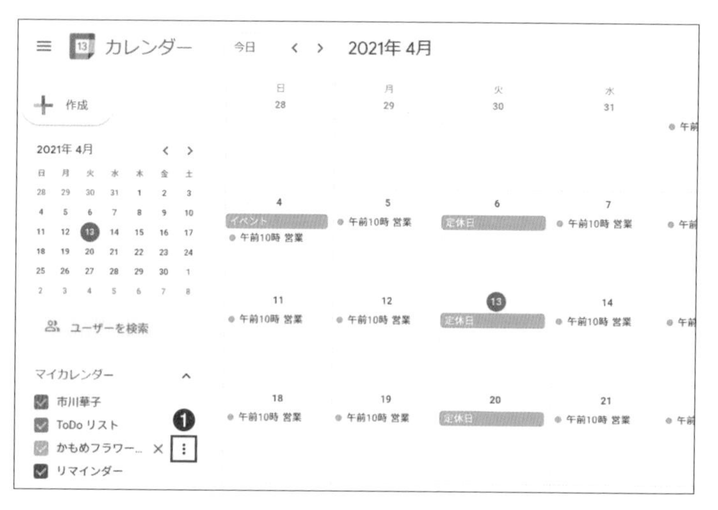

まず、Googleにログインし、Googleカレンダーを表示します。
「マイカレンダー」から公開するカレンダーのメニューボタン ⋮ をクリックします❶。

カレンダー
今日
2021年 4月
日 月 火 水
28 29 30 31
作成
2021年 4月
日 月 火 水 木 金 土
28 29 30 31 1 2 3
4 5 6 7 8 9 10
11 12 13 14 15 16 17
18 19 20 21 22 23 24
25 26 27 28 29 30 1
2 3 4 5 6 7 8
4 5 6 7
イベント
午前10時 営業
定休日
11 12 13 14
19 20 21
26 27 28
ユーザーを検索
マイカレンダー
市川華子
ToDo リスト
かもめフラワー...
リマインダー
他のカレンダー
日本の祝日
このカレンダーのみ表示
リストに表示しない
設定と共有

表示されたメニューから「設定と共有」をクリックします❶。

カレンダーの設定から「アクセス権限」をクリックします❶。
「アクセス権限」の「一般公開して誰でもできるようにする」のチェックをクリックしてオンにします❷。

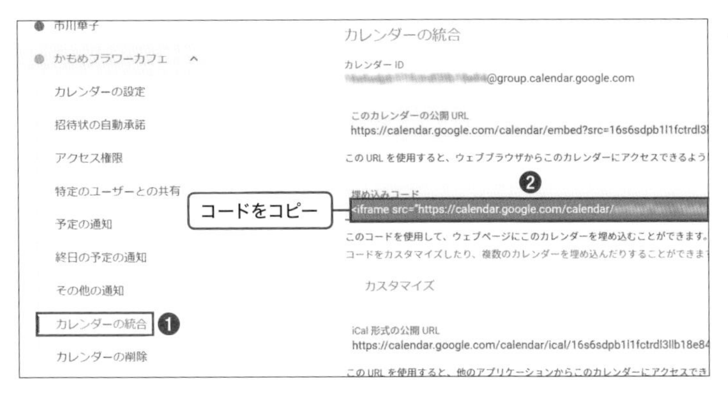

次にカレンダーの設定から「カレンダーの統合」をクリックします❶。
「カレンダーの統合」の「埋め込みコード」のコードをコピーします❷。

ホームページにGoogleを表示しよう

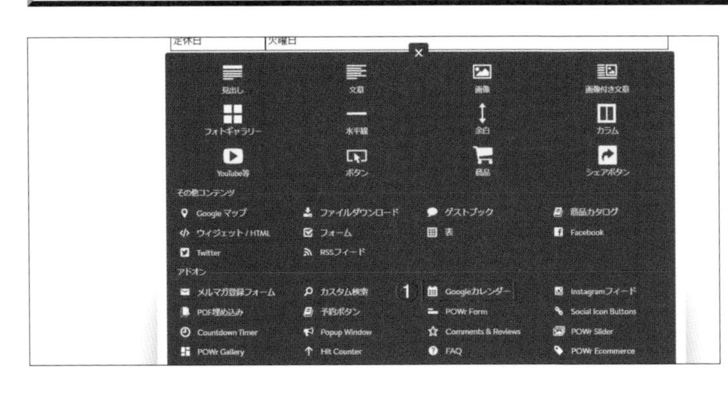

ホームページの編集画面を表示します。
「コンテンツを追加」→「その他のコンテンツ&アドオン」からアドオンの「Googleカレンダー」をクリックします❶。

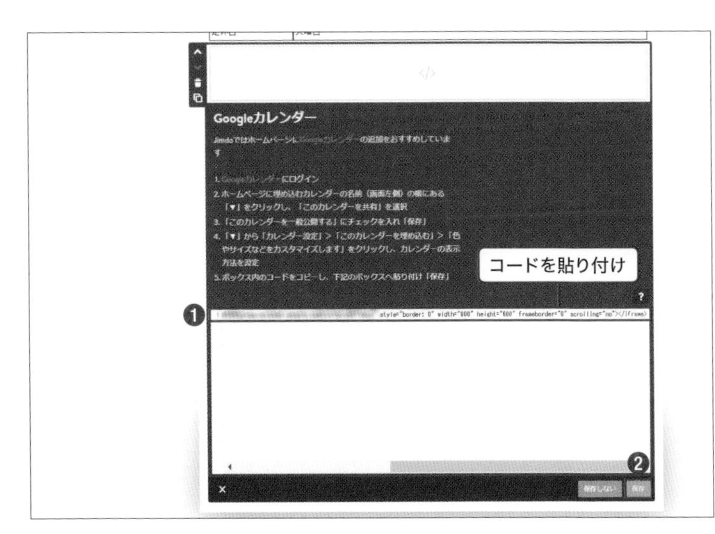

Googleカレンダーコンテンツが表示されます。
Googleカレンダーでコピーした埋め込みコードをボックスに貼り付けます❶。「保存」ボタンをクリックして保存します❷。

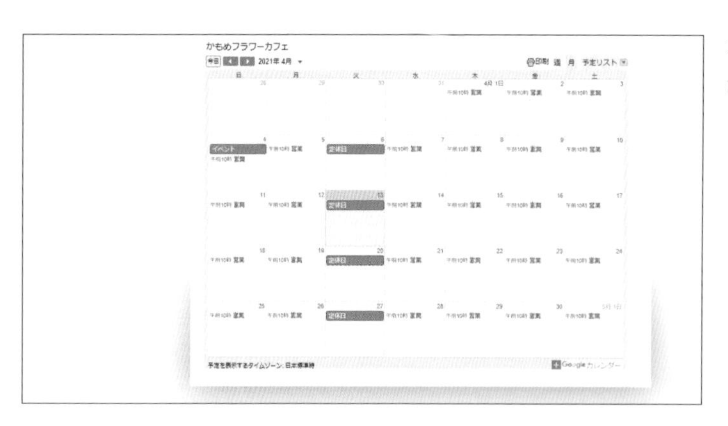

ホームページにGoogleカレンダーが表示されました。

Googleカレンダーのサイズを調整しよう

Googleカレンダーをスマホで表示したり、サイドバーに追加した場合などに、カレンダーの表示が大きすぎる場合があります。Googleカレンダーの設定でサイズを調整することができます。

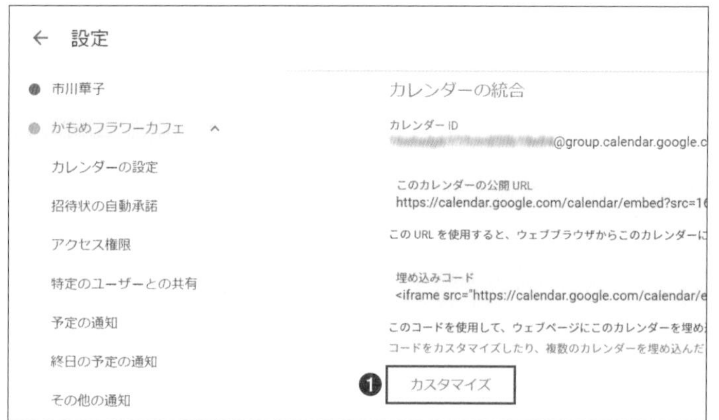

Googleカレンダーの設定の「カレンダーの統合」を表示します（204ページ参照）。
「カスタマイズ」をクリックします❶。

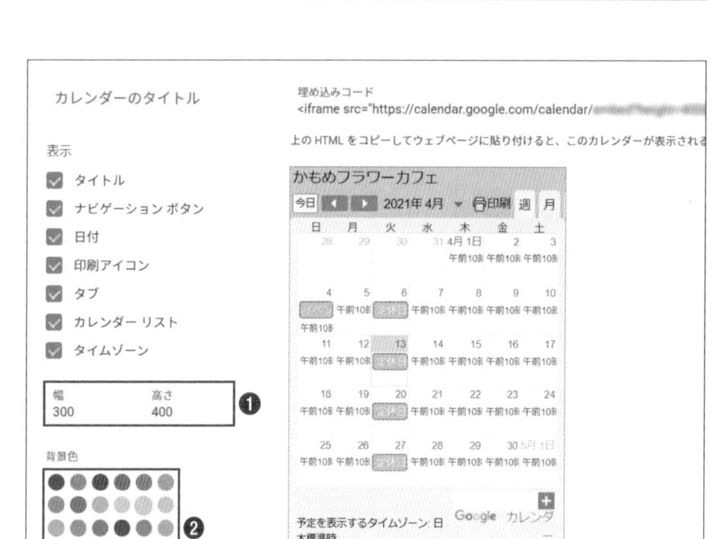

カレンダーの「幅」と「高さ」の数字を変更してカレンダーのサイズを調整します❶。
背景色から背景の色を変更することもできます❷。

Check!

表示されているカレンダーの種類を確認しておきましょう。

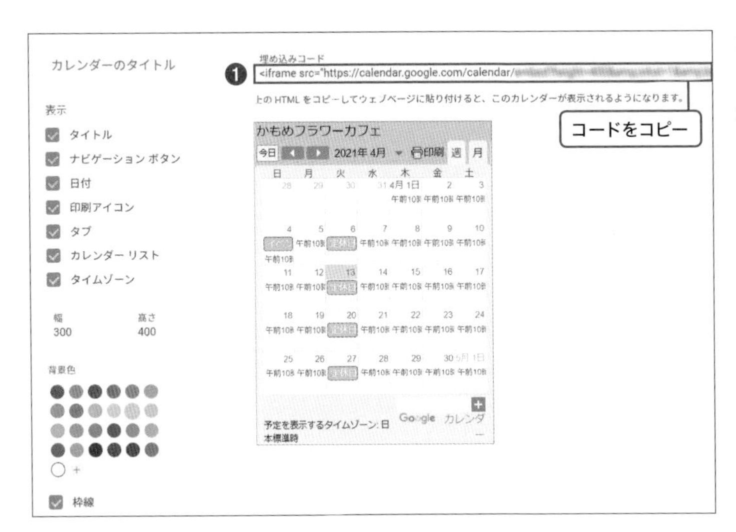

カレンダーのサイズや色を調整したら、表示されている埋め込みコードをコピーします❶。

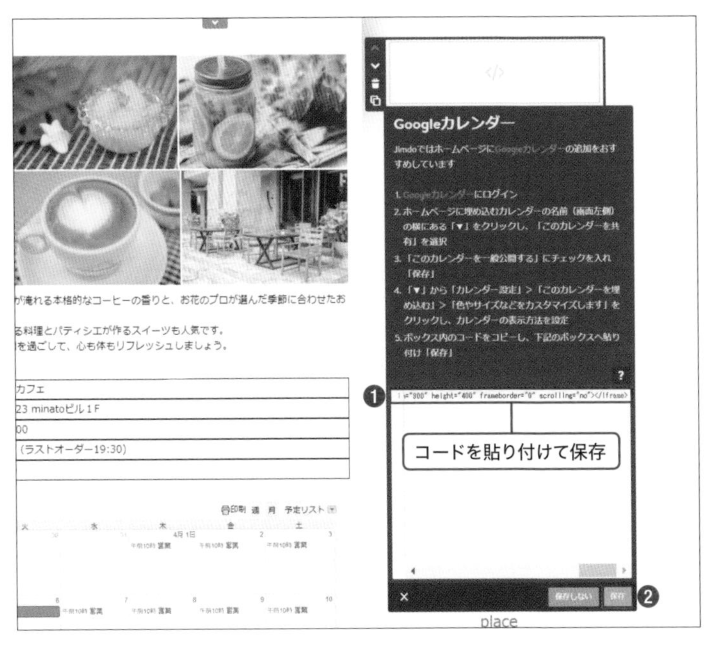

ホームページの編集画面を表示します。Googleカレンダーコンテンツを追加します（205ページ参照）。コピーしたGoogleカレンダーの埋め込みコードを貼り付けます❶。「保存」ボタンをクリックして保存します❷。

サイズを調整したGoogleカレンダーが表示されました❶。

SECTION

06 ジンドゥーのショップ機能

ジンドゥーのプラン別ショップ機能

ジンドゥーには、ショップを開くことができる機能があります。使用しているプランにより、下記のように機能の内容が異なります。

プラン	FREE	PRO	BUSINESS
登録可能商品数	5	15	無制限
支払い方法	PayPal （クレジットカード、 銀行振込）	クレジットカード （PayPal,Stripe利用） 銀行振込　等	クレジットカード （PayPal,Stripe利用） 銀行振込　等
クーポン作成	×	×	○

※PayPalを利用してオンライン決済を行うには、PayPalのビジネスアカウント登録（https://www.paypal.com/jp/business/）が必要です。

ショップの設定を行おう

まずは、ショップに関する様々な情報を入力していきます。この設定はショップを開設する際に必ず必要です。入力事項の説明をよく読んで丁寧に入力しましょう。
詳細はジンドゥーサポートページ（https://help.jimdo.com/hc/ja/categories/115001247023）も参照してください。

「管理メニュー」をクリックします❶。「ショップ」をクリックします❷。

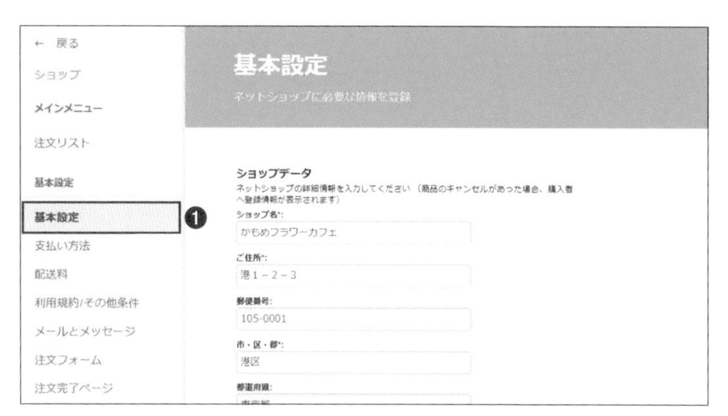

「基本設定」をクリックします❶。ショップの基本情報を入力し、最後に「保存」ボタンをクリックします。

「支払い方法」をクリックします❶。使用する支払い方法を選択し「保存」します。

なお、PayPalの場合、PayPalの設定入力が必要です。詳細は210ページを参照してください。

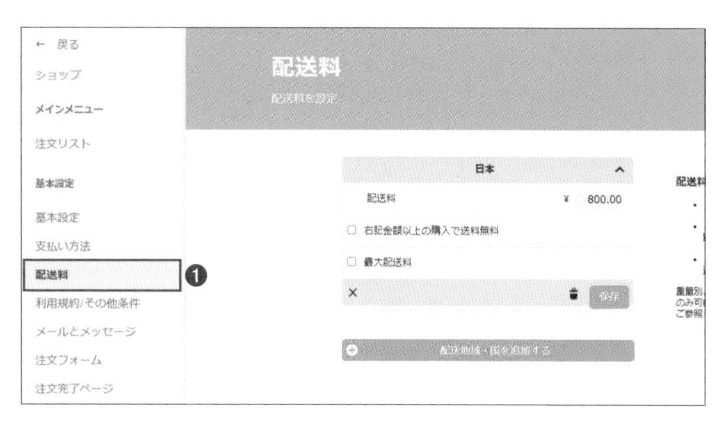

「配送料」をクリックします❶。配送料を設定し「保存」します（基本配送料は全国一律です）。

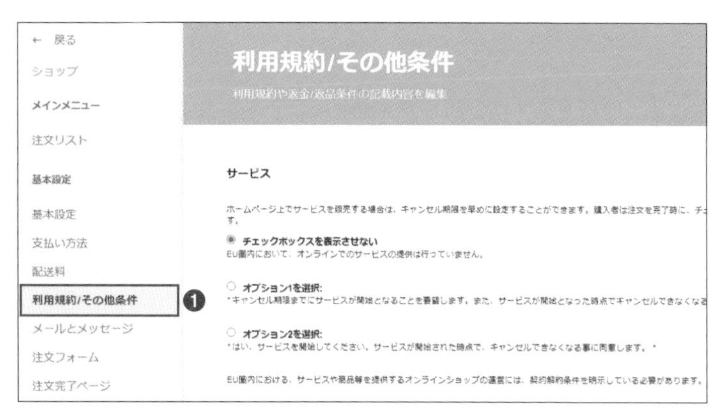

「利用規約/その他の条件」をクリックします❶。利用規約や返品条件等の情報を入力し、最後に「保存」します。

利用規約の欄には、「特定商品取引法」による記載事項も入力しましょう。

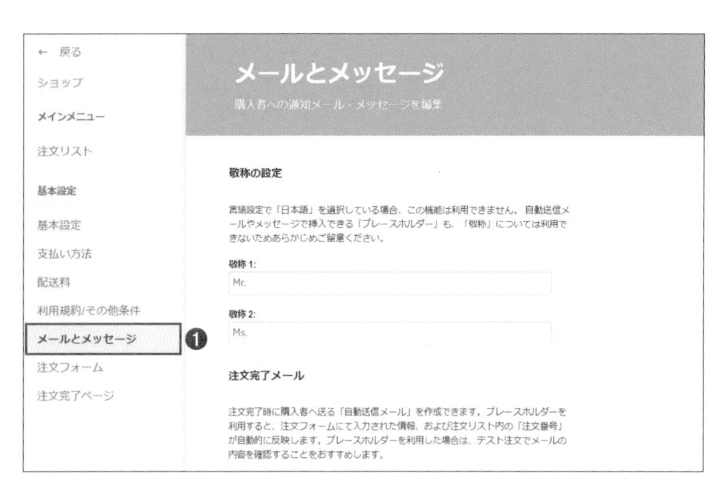

「メールとメッセージ」をクリックします❶。
注文者への自動配信メール等の設定を入力し、最後に「保存」します。

← 戻る
ショップ
メインメニュー
注文リスト
基本設定
基本設定
支払い方法
配送料
利用規約/その他条件
メールとメッセージ
注文フォーム ❶
注文完了ページ

注文フォーム
注文フォームの項目を設定

必要な項目を選択してください

ネットショップを運営するうえで、購入者から必要な情報を選択してください。「アカウント番号」は外部サービスと連携しているときのみ利用可能です。

また、ネットショップの所在地を「日本」としている場合や、支払い方法にPayPalを選択している場合、「都道府県」は必須項目です。

「注文フォーム」をクリックします❶。購入者が商品を注文する際に入力する事項の設定をし、最後に「保存」します。

PayPalの設定を行おう

支払方法でPayPalの設定をするには、PayPalのビジネスアカウント（https://www.paypal.com/jp/business/）が必要です。ビジネスアカウントにかかる手数料なども確認しておきましょう。なお、この方法は2021年4月現在のものです。

「管理メニュー」→「ショップ」→「支払い方法」をクリックします❶。支払い方法でPayPalを選択します❷。「説明」のAPI証明書に関するリンクをクリックします❸。

ジンドゥーのサポートページが表示されます。
「API署名取得専用ページ」のリンクをクリックします❶。

ホーム　取引履歴　お支払い・決済の受け取り　アプリセンター
API署名の表示または削除
開発者の方へ: 認証情報をほかの人と共有しないでください。アクセスが制限されている安全な場所に保存し
事前設定済みのショッピングカートの場合: APIユーザー名、パスワード、署名をコピーして、ショッピングカートの
カスタムショッピングカートを構築する場合: 以下の認証情報を、アクセスが制限された安全な場所に保存してくださ
認証情報　署名
APIユーザー名　表示
APIパスワード　表示
署名　表示
申請日　2021年1月13日 13:51:14 JST
削除　完了
❶

PayPalのビジネスアカウントにログインし、API署名画面が表示されます。
署名の「表示」をそれぞれクリックし、表示された内容をコピーします❶。

← 戻る
ショップ
メインメニュー
注文リスト
完了リスト
商品リスト
基本設定
基本設定
支払い方法
配送料
利用規約/その他条件
メールとメッセージ
注文フォーム
注文完了ページ
kakunin20201207.jim...
JimdoFree
支払い方法
ネットショップで使用する支払い方法を設定
支払い方法を選択してください
Stripe（クレジットカード）
PayPal（クレジットカード・銀行振り込み）
APIユーザー名
APIパスワード
署名
お支払いに関する特記事項
カードでも銀行口座からでも、一度設定すればIDとパスワードでかんたん・安全にお支払い。新規登録は無料。銀行口座からのお支払いでも、振込手数料は無料です。
❶

ジンドゥーの支払い方法の画面で、PayPalの「APIユーザー名」「APIパスワード」「署名」をそれぞれコピーして貼り付け❶、「保存」します。

商品を登録しよう

ショップの設定ができたら、販売する商品を登録しましょう。「オンラインショップ」用のページを作成して登録するとよいでしょう。

「コンテンツを追加」から「商品」をクリックします❶。

商品コンテンツが表示されます。必要な項目を入力します。

❶ 商品画像を追加
❷ 商品名
❸ 価格
❹ 商品説明

更に「オプション」をクリックします❺。

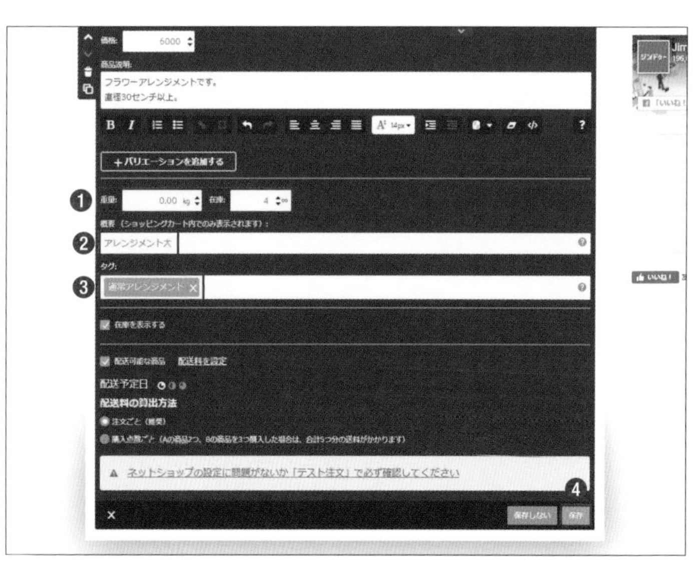

必要に応じて、オプション事項を入力します。

❶ 重量、在庫数
❷ 概要
❸ タグ　等

最後に「保存」ボタンをクリックして保存します❹。

Check!

タグを付けておくと「商品カタログ（213ページ）」で表示する商品を、タグの種類ごとに分けて表示できます。

商品を登録することができました。同じように商品を登録していきましょう。

商品カタログを表示しよう

商品の登録ができたら、「商品カタログ」で登録した商品を一覧で表示しましょう。「商品」を登録しているのとは別のページに一覧として表示しておくのもよいでしょう。

「コンテンツを追加」→「その他のコンテンツ&アドオン」から「商品カタログ」をクリックします❶。

登録した商品の一覧が表示されます❶。

タグ付けした商品のみ表示する場合は、タグを入力します❷。

表示商品数や表示順を変更できます❸。

「保存」ボタンをクリックして保存します❹。

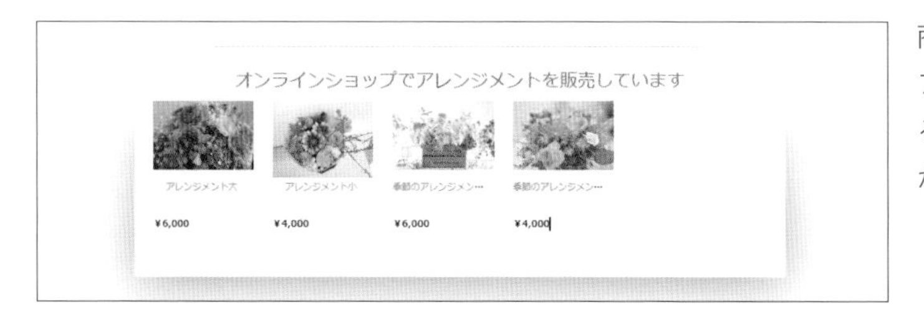

商品カタログが追加されました。プレビュー画面で商品をクリックすると、商品が登録されているページが表示されます。

テスト注文をしてみよう

ショップの設定や商品の登録ができたら、テスト注文で一連の流れを確認しましょう。

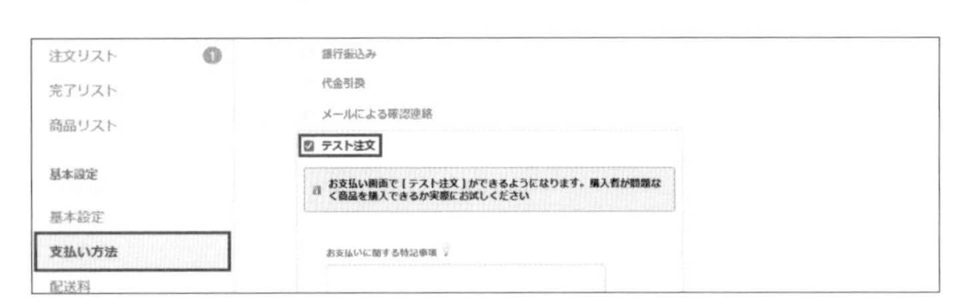

「ショップ」→「支払い方法」で、「テスト注文」をオンにしておきます。なお、テスト注文が終わったら、オフにしておきましょう。

プレビュー画面を表示します。ショップ画面で、カートに商品を追加していきましょう。

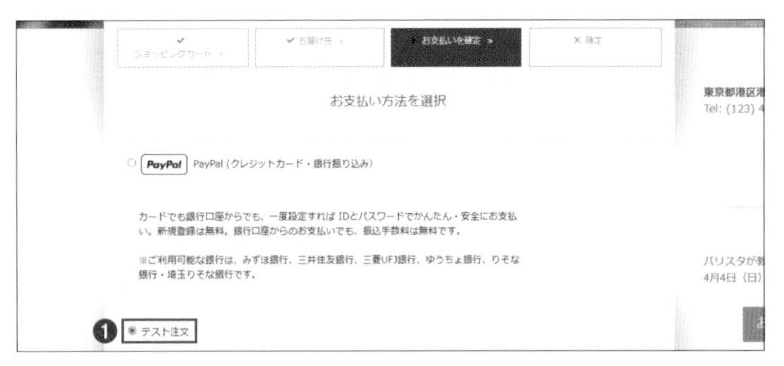

購入画面では表示内容を確認し進めていきます。支払方法の選択では「テスト注文」を選択します❶。

注文内容を確認し、テスト注文を確定します❶。メールで送られてくるテスト注文の内容や、次ページの注文リストの内容に、問題がないか確認しましょう。

注文リストで注文内容を一覧で管理しよう

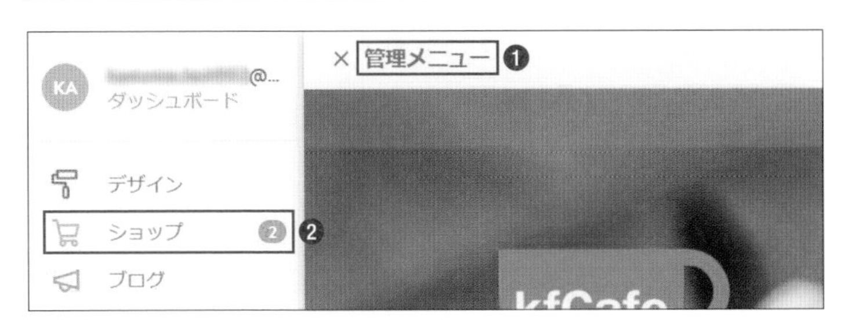

「管理メニュー」をクリックします❶。「ショップ」をクリックします❷。ここには、注文などのお知らせがあると数字が表示されます。

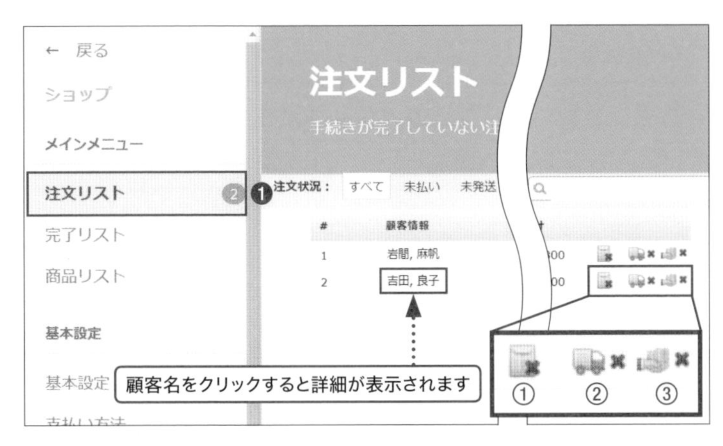

「注文リスト」をクリックします❶。注文リストが表示されます。

① リストの削除

② 商品の発送：商品の発送が完了したらクリックしてオンにします。購入者へ発送のメールが送付されます。

③ 支払い：支払いが完了したらクリックしてオンにします。

②と③両方完了になると、「完了リスト」に移動します。

完了リストで支払いと発送が完了した注文を確認しよう

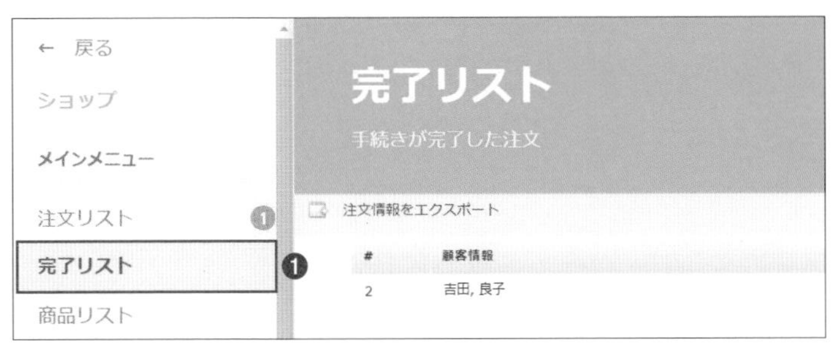

「完了リスト」をクリックします❶。手続きが完了した注文一覧が表示されます。

商品リストで在庫状況などを確認しよう

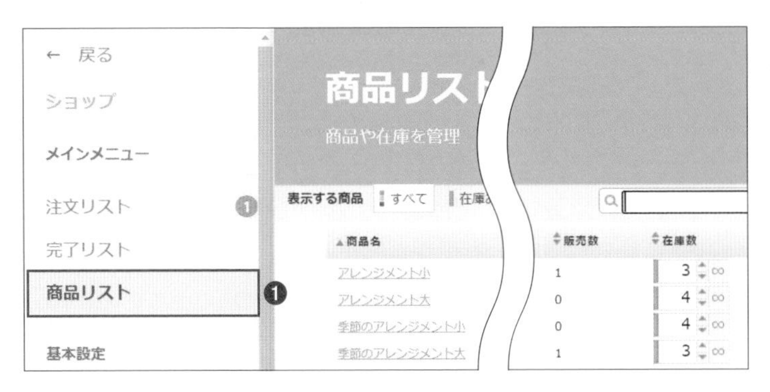

「商品リスト」をクリックすると❶、商品の在庫状況がわかります。

SECTION
07 有料版で使える便利な機能

有料版で使える便利な機能を紹介します。

アクセス解析

ホームページの訪問者数や、よく閲覧されているページなど確認することができます。

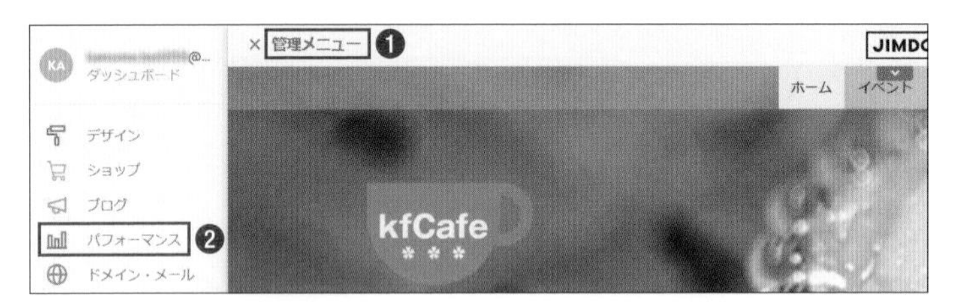

管理メニューをクリックします❶。「パフォーマンス」をクリックします❷。

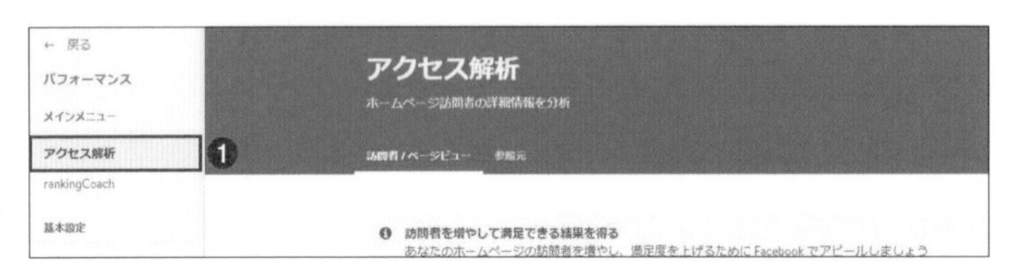

メインメニューから「アクセス解析」をクリックします❶。
アクセス解析が表示されます。

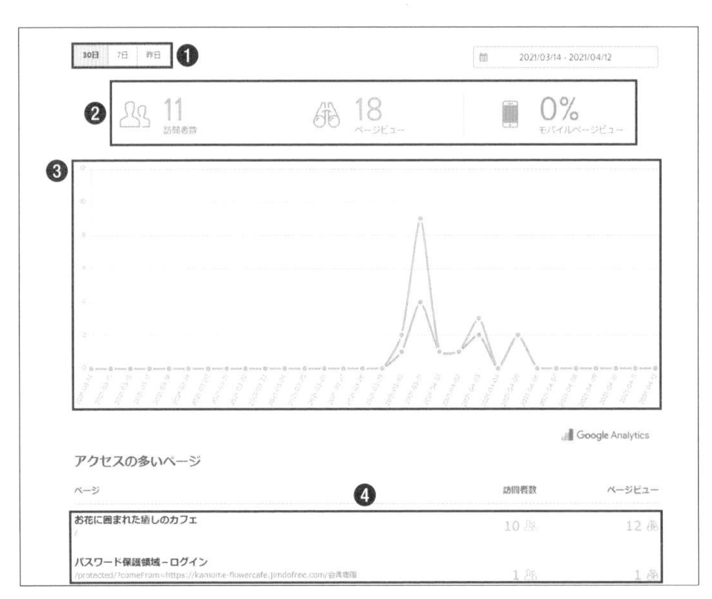

❶ 表示する期間を切り替えます。
❷ 訪問者数、閲覧ページ数、スマホでの閲覧割合などが表示されています。
❸ ❷の結果がグラフで表示されています。
❹ 閲覧の多いページを確認できます。

ページのコピー

ページを複製することができます。同じようなレイアウトのページをいくつか作成する場合に便利です。

「ナビゲーションの編集」をクリックします❶。

ナビゲーションの編集が表示されます。

コピーするページの「このページをコピー」をクリックします❶。

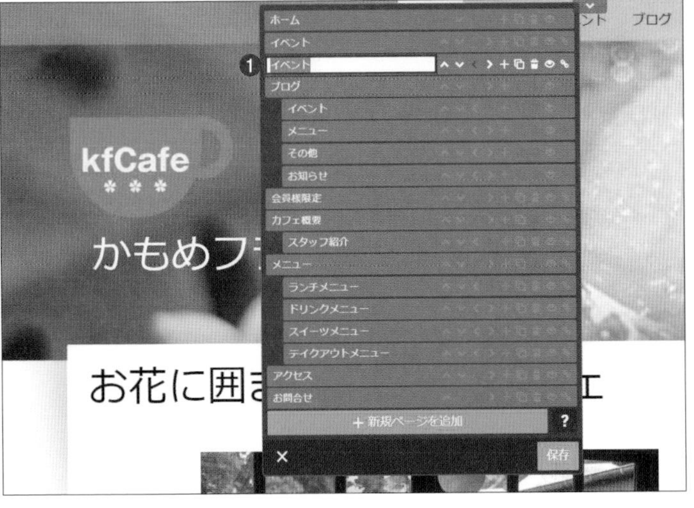

ページがコピーされました❶。

ページ名を変更して保存します。

ナビゲーションに外部リンクを設定

ナビゲーションに外部サイトへのリンクを設定できます。外部のオンラインショップやブログなどと連携する場合に便利です。

「ナビゲーションの編集」を表示します。
外部リンクを設定するページ名の「外部リンク」をクリックします❶。

外部サイトのアドレスをコピーし、貼り付けて保存します❶。

ナビゲーションに外部リンクが設定されました。
ページ名をクリックすると外部サイトが表示されます❶。

準備中モード

準備中モードに設定すると、ホームページ全体を一時的に非公開にして編集することができます。

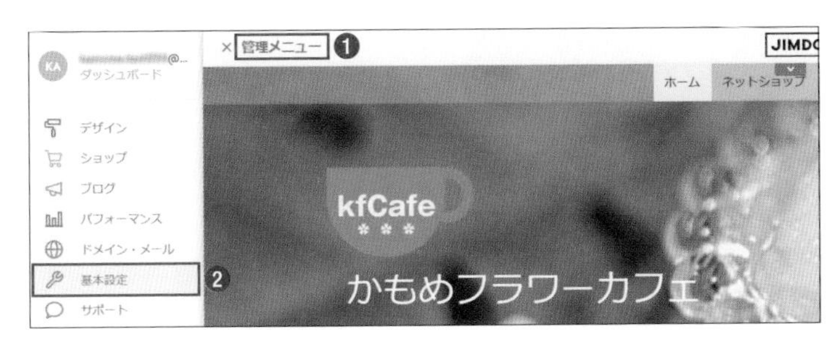

「管理メニュー」をクリックします❶。「基本設定」をクリックします❷。

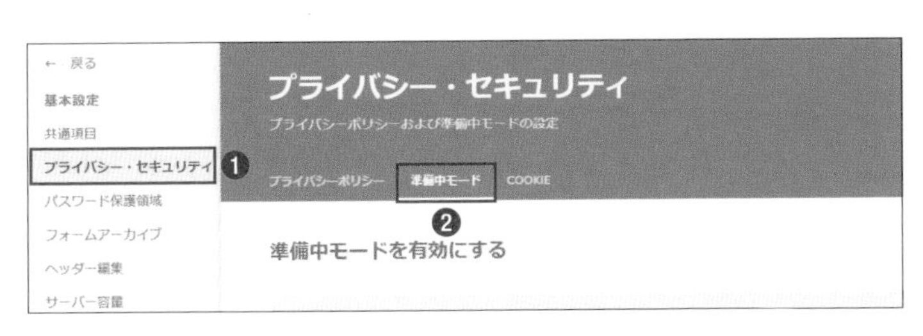

「プライバシー・セキュリティ」をクリックします❶。

画面を上にスクロールし、「準備中モード」タブをクリックします❷。

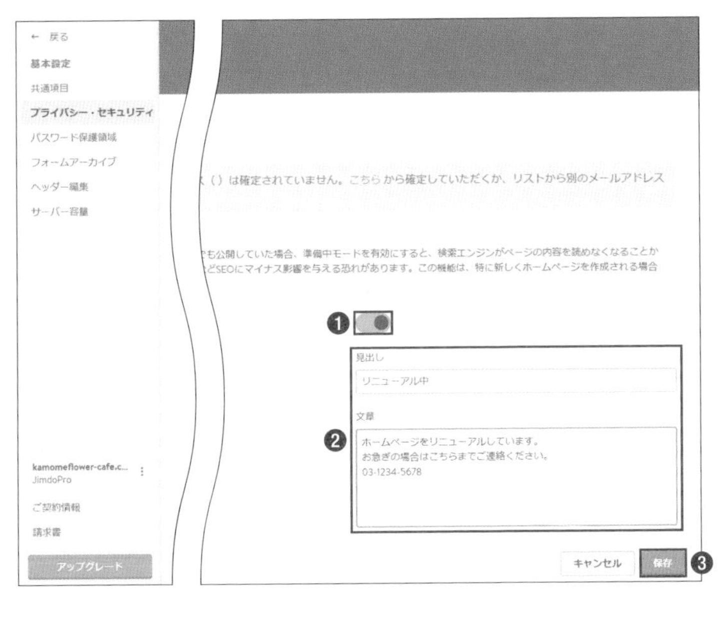

準備中モードを有効にします❶。準備中画面に表示される、見出しと文章を入力します❷。

「保存」ボタンをクリックして保存します❸。

管理メニューを閉じます。

プレビュー画面で準備中モード画面を確認しましょう。

ページごとのカスタムURLの設定

ページごとにオリジナルのURLを設定することで、長いURLを短くすることもできます。

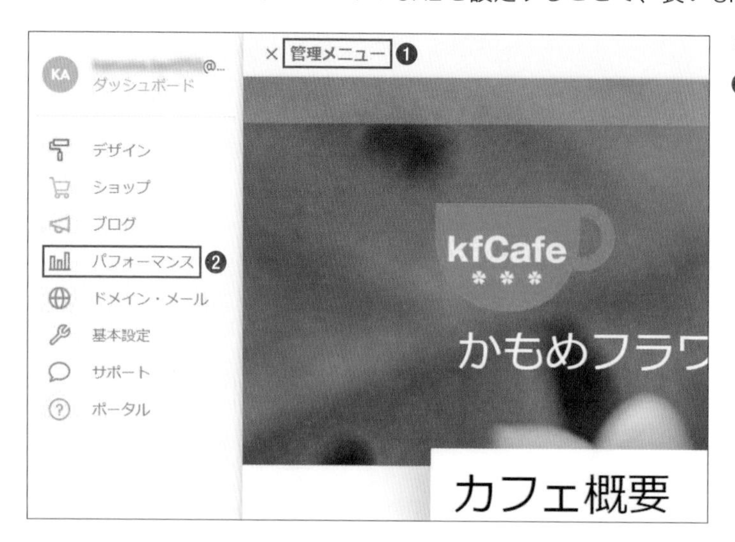

「管理メニュー」をクリックします❶。「パフォーマンス」をクリックします❷。

基本設定から「SEO」をクリックします❶。

SEO画面が表示されます。
カスタムURLを設定するページを選択します❶。
下へスクロールします。

「高度な設定」で、カスタムURLを入力します❶。
「保存」ボタンをクリックして保存します❷。
他のページにも同じようにオリジナルのURLを設定できます。

ページごとにカスタムURLが設定されました❶。

Check！

ホームページのURLの末尾にカスタムURLが追加されています。

付録　ジンドゥーで使える便利な機能一覧

アルファベット

あ行・か行

さ行

た行・な行

は行

ま行・や行

ら行

■ 著者プロフィール

岩間 麻帆（いわま まほ）

かもめIT教室 代表　https://www.kamome-it.com/

Jimdo evangelist

東京都出身　千葉県市川市在住

IT講師としての経験を元に、パソコンやスマートフォンのマンツーマンレッスンを行う「かもめIT教室」を起業。シニアから初心者まで一人ひとりと親身に向き合いレッスンを行っている。就労支援講座などセミナー講師としても活動。市民団体「いちかわITインストラクターズ」の代表としても活動している。

著書　「今すぐ使えるかんたんぜったいデキます！ホームページ作成超入門」（技術評論社）
「大きな字でわかりやすいLINEライン入門」（技術評論社）
「大きな字でわかりやすいiPhone超入門」（技術評論社）

■ 問い合わせについて

本書の内容に関するご質問は、下記の宛先までFAX または書面にてお送りください。なお電話によるご質問、および本書に記載されている内容以外の事柄に関するご質問にはお答えできかねます。あらかじめご了承ください。

〒162-0846
東京都新宿区市谷左内町21-13
株式会社技術評論社　書籍編集部
「無料で作る！　お店・会社のためのホームページ作成超入門」質問係
FAX：03-3513-6167
https://book.gihyo.jp/116

※ご質問の際に記載いただいた個人情報は、ご質問の返答以外の目的には使用いたしません。
また、ご質問の返答後は速やかに破棄させていただきます。

無料で作る！ お店・会社のための ホームページ作成超入門

2021年 8月31日　初版　第1刷発行
2023年12月 7日　初版　第2刷発行

著　　者　岩間　麻帆
発 行 者　片岡　巌
発 行 所　株式会社技術評論社
東京都新宿区市谷左内町 21-13
電話 03-3513-6150　販売促進部
03-3513-6160　書籍編集部

編　　集　伊藤　鮎
装　　丁　坂本真一郎（クオルデザイン）
装丁イラスト　高内彩夏
本文イラスト　イラスト工房（株式会社アット）
本文デザイン・DTP　はんぺんデザイン

印刷／製本　株式会社加藤文明社

定価はカバーに表示してあります。

造本には細心の注意を払っておりますが、万一、乱丁（ページの乱れ）や落丁（ページの抜け）がございましたら、小社販売促進部までお送りください。送料小社負担にてお取り替えいたします。

ISBN978-4-297-12235-5 C3055
Printed in Japan